河道生态治理水土保持技术

赵方莹 卢金忠 巩潇 李璐 吴昊 编著

中国林业出版社
China Forestry Publishing House

图书在版编目（CIP）数据

河道生态治理水土保持技术 / 赵方莹等编著. -- 北京：中国林业出版社，2024.4

ISBN 978-7-5219-2684-2

Ⅰ.①河… Ⅱ.①赵… Ⅲ.①河道整治—生态环境—环境保护—研究—中国②水土保持—研究—中国 Ⅳ.①TV882②S157

中国国家版本馆CIP数据核字（2024）第083205号

策划、责任编辑：许玮
装帧设计：刘临川

出版发行：中国林业出版社
　　　　　（100009，北京市西城区刘海胡同7号，电话010-83143576）
电子邮箱：cfphzbs@163.com
网址：https://www.cfph.net
印刷：河北京平诚乾印刷有限公司
版次：2024年4月第1版
印次：2024年4月第1次
开本：787mm×1092mm　1/16
印张：10
字数：200千字
定价：98.00元

《河道生态治理水土保持技术》编委会

主　　编： 赵方莹

副 主 编： 卢金忠　巩　潇　李　璐　吴　昊

编　　委（按姓氏笔画）：

万　丽　史振华　刘　发　刘骥良　苏光瑞

张　培　张　瑜　张世超　张琳琪　季世琛

赵莹彦　唐金晶

序一

我国是世界上水土流失严重的国家之一,主要表现为水土流失面积大、分布广、类型多、强度高。近年来,随着我国社会经济的飞速发展,人为水土流失危害也越加严重。

河道水系是自然系统和社会的重要组成部分,河道整治是水利工程的重要工作,通过整治、疏浚、护岸等措施,对河流进行治理和控制。河道治理、淤泥清理、跨河桥、巡河路、闸涵改建等施工中土石方开挖、回填以及施工过程中防护措施不到位等势必会破坏河道原生地貌和植被,并产生弃土弃渣,造成水土流失。河道建设项目的水土保持工程是河道治理的根本,是集防洪、安全、生态、观赏于一体的综合工程,是水资源利用、保护的源头和基础。河道建设项目建设、运行期间都存在着较大的水土流失现象,山区河道是生态清洁小流域"生态修复、生态治理、生态保护"三道防线的生态保护区的核心。因此,做好河道建设项目的水土流失防治工作非常重要,是对国家"山水林田湖草沙"系统治理和保护,"绿水青山就是金山银山"建设生态文明战略方针的贯彻落实。

伴随着水土保持工作的不断深入,北京市河道治理由工程治理转向生态治理,在实践中我们及时提出了河道生态治理的"横向、纵向、竖向"的"三向循环"理念。河道治理中,应依据其水土流失特点选定合适的防护措施,其次还要兼顾防护措施的安全、生态和观赏性功能的综合应用。在河道治理的过程中,我们始终贯彻水土保持理念,因地制宜地选择工程措施和生物措施,降低河道所受的侵害,保证河道长期持续良好运行。水土保持措施使河道从无生命的河道变成了会呼吸的生态景观,良好的水生态景观带动了水岸经济的高质量发展,为沿线区域绿色发展带来新机遇。

本书根据地貌特点结合水土保持生态功能,将河道划分为山区河道、平原河道郊野段、平原河道城镇段 3 种类型,提出了水土保持 8 类 50 项水土保持措施,构建了三类河道建设项目的水土保持措施体系,推荐了 7 种典型河道水土保持措施配置模式。作者具有扎实的理论基础和丰富的实践经验，对北京市河道治理工作做了大量、充分的调研，深入系统的分析和论证，全面总结了北京市河道生态治理的水土保持技术措施，配备了详细的典型设计图和推荐模式图，便于读者参考借鉴。

《河道生态治理水土保持技术》一书对水利水保领域的建设管理、科学研究、设计施工人员一定有所裨益，愿为之序。

北京市水务局原副局长
北京水务投资中心原总经理
中国水土保持学会科技产业工作委员会主任
2024 年 3 月

序二

河流是养育中华民族的重要载体，在中国历史文化中起到了十分重要的作用。北京的五大水系交织构成了这座千年古都的水脉，见证了其发展与变迁。

北京河湖治理追溯到20世纪50~60年代，其主要目标是治理水患灾害，防洪除涝，兼顾农业灌溉和城市供水，这是首都河湖治理的第一阶段。20世纪70年代末至90年代中期，特别是随着改革开放不断深入，首都经济实力的不断壮大，新一轮河湖整治逐步展开，首都治河工作进入第二阶段。这个期间的特点是，在实现河湖基本功能的同时，强化了治河措施的安全性、耐久性、抗破坏性，结构简单（矩形、梯形），材料质硬、固化防渗，钢筋砼、砼、浆砌石十分普遍，河道变成"铁底铜帮"，严重阻断了水与土的自然联系，水生态系统遭到破坏，再加上城市建设"摊大饼式"的扩张，生活、工业污水大量无序排放，河湖水体污染十分严重，黑臭河湖随处可见。自20世纪90年代末到21世纪前十年，鉴于日益恶化的河湖生态环境状况和社会压力，北京市委市政府高度重视，与时俱进转变观念，认真组织狠抓落实，不断汲取国内外先进经验，加大投入，强化创新推动，率先对城市河湖开展综合整治，实现了"水清、岸绿、流动、通航"，特别是经过科学论证，精心规划设计，将转河建设成为集防洪供水、历史文化、清洁优美、休闲娱乐为一体的治河典范，开启了首都河湖治理的新征程，为后续河湖治理提供了宝贵经验，这是首都河湖治理的第三个阶段。第四阶段是首都河湖治理进入高质量发展时期。21世纪第二个十年以来，特别是针对"7·21"特大暴雨灾害的影响，北京市连续三年实施了四个阶段的河湖综合治理，这个期间遵循"全面规划，整体部署，典型示范，精心设计，科学施策，系统治理"的原则，防洪除涝，截污治污，生态修复，景观提升一体推进，工程、生物、生态措施紧密结合。先后治理完成了一大批如永定河（城市段）、护城河（北、西、南）、土城沟（东、西）、亮马河、凉水河、北运河、妫水河、小清河、宋庄蓄滞洪区等河湖，这些河湖遍及首都中心城市、城镇、郊野，全面实现了"安全、洁净、生态、优美、为民"五大目标，成为河湖治理的经典杰作，首都河湖治理达到历史新阶段。

  我本人自大学毕业后，一直没有离开北京水利（水务）战线，先后从事过水土保持、郊区水利建设，从事过水库、河湖管理，后来分管了十多年的水利建设与管理，也分管了几年的水资源与水文管理等，在工作期间也多次想对北京河湖治理技术进行总结，直到退休未能成行。方莹师弟邀请为他们编写的《河道生态治理水土保持技术》一书作序，也是我回顾工作历程和学习的机会。反复研学，如获至宝，也算实现了我的一个心愿。方莹团队不负辛苦，在积累几十年为首都水土保持工作提供服务的宝贵经验基础上，经过广泛收集资料，研究分析，精心提炼，从水土保持视角，梳理了北京治理河湖的方略理念、技术演变、措施布局、应用分类，直到形成科学完整的河湖治理综合体系，同时也对治理成效作了跟踪研究，令我佩服。该书既是一个完整的河湖治理技术导则，也是一部全面的、系统的、实践性极强的教科书，既可为从事水利水保规划设计、项目建设与管理人员提供技术支撑，又可为从事生态环境建设教育及相关行业科学研究提供参考。相信该书一经问世定会在专业领域有极大影响力，定会推动新时代首都河湖治理上新水平发挥十分重要的作用，体现其应有的价值。

北京市水务局原副局长、一级巡视员
北京水生态与水土保持学会理事长
2024 年 3 月

前言

使水土流失得到有效治理，建设人水相亲、人与自然和谐共生的生态环境，实现水土保持工作的高质量发展，是全面推进美丽中国建设的重要内容。水土保持是江河保护治理的根本措施，是生态文明建设的必然。河道治理建设活动会对原生地貌和植被造成破坏，挖填作业形成的边坡和弃土弃渣的无序堆放，容易造成严重的水土流失。因此，有必要对河道治理水土保持理念、措施等进行系统研究，以引导、强化河道治理过程中的水土保持工作，以期减少、减轻河道治理过程和后续的水土流失。

项目团队从事生产建设项目水土保持工作已经 20 多年，10 年前接受北京市水生态保护与水土保持中心（原北京市水土保持工作总站）的委托开展了北京市河道建设项目水土保持技术体系研究，在 2016 年完成课题验收后，未做进一步整理。2023 年海河流域发生"23·7"特大暴雨，此后国家增发 1 万亿元国债支持灾后恢复重建和提升防灾减灾救灾能力，资金重点用于灾后恢复重建、重点防洪治理工程、自然灾害应急能力提升工程、其他重点防洪工程、灌区建设改造和重点水土流失治理工程、城市排水防涝能力提升行动、重点自然灾害综合防治体系建设工程、东北地区和京津冀受灾地区等高标准农田建设。鉴于在河道生态治理的水土保持工作需要，我们在原有研究工作成果基础上，结合编著团队近年来国内外河道治理考察和相关设计、研究经验，整理编辑出版，以支撑河道生态治理的水土保持工作。

由于受河道功能、所处地域地形、环境、气候及城市历史等因素的影响，各地河道治理工作各有特点。北京市从 1998 年开始有计划地分期分批的进行河道治理，成效显著，河道水系治理在多方面取得了丰富的经验和成果。我们通过收集、分析国内外相关资料，对河道建设项目造成水土流失危害类型和特点进行分析，充分调研北京市不同区位、类型、级别的河道建设项目水土保持措施体系布设现状、水土保持措施运行维护情况以及防护效果，总结其生态治理、水土保持的成功经验和不足，选取典型河道建设项目，分类配置科学、完善的

水土流失防护措施体系，以指导河道生态治理水土保持工作，使河道在发挥排涝、行洪、航运、供水等功能的同时，充分体现其水土保持和生态景观效果。

本书基于北京市河道生态治理案例，主要内容包括河道类型的划分、不同部位水土保持措施及典型设计、水土保持措施体系、水土保持措施布局典型配置模式等主要章节内容，充分体现河道治理"横向、纵向、竖向"的三向循环理念，对于指导河道生态治理、水土流失防治具有重要的意义。本书适于水利、水土保持行业从事建设项目管理、生态环境建设的教学、科学研究、设计和施工技术人员参考使用。

本书由赵方莹教授牵头，卢金忠、巩潇、吴昊、李璐等人共同编著完成。全书共7章，主要编写分工为：赵方莹编写前言；卢金忠、唐金晶、万丽编写第一章、第二章；赵方莹、李璐、赵莹彦编写第三章、第四章；巩潇、吴昊、张培编写第五章、第六章；赵方莹编写第七章。赵方莹、卢金忠负责项目组织与协调，苏光瑞、史振华、张瑜等参与了项目外业调查，张世超、季世琛、刘骥良、刘发、张琳琪等参与了项目内业整理，典型设计图由吴昊、张培绘制。全书最后由巩潇统稿、校对。

本书在撰写过程中参考和引用了国内外有关书籍和文献，尤其是相关项目的前期资料，特此感谢！

在项目组织、调查、研究以及报告、专著的撰写过程中得到了北京圣海林生态环境科技股份有限公司、北京市水生态保护与水土保持中心（原北京市水土保持工作总站）和相关水务管理单位的支持及热情帮助，在此谨致衷心感谢！由于知识所限，文中难免有所纰漏，恳请读者提出批评。

编著者

2024年3月于北京

目 录

序一 ·· 01

序二 ·· 03

前 言 ·· 05

1 国内外研究进展 ··· 001

1.1 国外研究进展 ·· 002
1.2 国内研究进展 ·· 005
1.3 北京市河道建设水土保持技术现状 ··· 008
1.3.1 贯彻"生态优先，以人为本"理念 ··· 008
1.3.2 综合防治水土流失 ·· 008
1.3.3 从源头防治水土流失 ··· 011
1.3.4 与生态截污、治污相结合 ··· 011

2 项目区概况 ·· 015

2.1 地理位置 ··· 016
2.2 地形地貌 ··· 016
2.3 地质土壤 ··· 017
2.4 气候气象 ··· 018
2.5 植被情况 ··· 019
2.6 河流水系 ··· 019
2.7 社会经济 ··· 020
2.8 土地利用现状 ·· 020
2.9 水土保持功能区划 ·· 021

3 北京市河道建设项目类型划分 ·· 023

3.1 河道基本类型划分 ·· 024
3.1.1 区域地形 ·· 024
3.1.2 区域人居情况 ·· 025
3.1.3 汇流情况 ·· 025
3.1.4 主体功能 ·· 026
3.1.5 断面形式 ·· 027

3.2 水土保持角度河道类型划分 ·· 032
3.2.1 影响河道水土流失的因子 ·· 032
3.2.2 水土保持角度河道类型 ·· 033

4 北京市河道建设项目水土保持措施 ·· 035

4.1 堤顶水土保持措施 ·· 036
4.1.1 巡河路绿化 ·· 036
4.1.2 路面排水 ·· 037
4.1.3 垂直绿化 ·· 038
4.1.4 生态园林式绿化美化 ·· 039

4.2 常水位以上坡面水土保持措施 ·· 043
4.2.1 浆砌石种植穴结合植物护坡 ·· 043
4.2.2 预制混凝土种植穴结合植物护坡 ·· 044
4.2.3 六棱花饰砖结合植物护坡 ·· 045
4.2.4 坡改平生态砖结合植物护坡 ·· 046
4.2.5 三维网植灌草护坡 ·· 048
4.2.6 生态植被毯结合植物护坡 ·· 048
4.2.7 木桩枝条联排结合植物护坡 ·· 051
4.2.8 台阶式种植槽结合植物护岸 ·· 051
4.2.9 乔灌草生态护坡 ·· 052
4.2.10 坡面汇排水措施 ·· 055
4.2.11 防冲消能措施 ·· 056

4.3 常水位以下坡面水土保持措施 ·· 058
4.3.1 箱笼挡土墙护岸 ·· 058
4.3.2 浆砌石挡土墙护岸 ·· 059
4.3.3 干砌石挡土墙护岸 ·· 060

		4.3.4 浆砌石护坡 ······ 063
		4.3.5 预制混凝土块护坡 ······ 063
		4.3.6 生态砖挡土墙护岸 ······ 064
		4.3.7 鱼巢砖结合植物护岸 ······ 065
		4.3.8 仿木桩结合植物护岸 ······ 066
		4.3.9 扦插柳条护岸 ······ 069
		4.3.10 土工生态袋结合植物护岸 ······ 070
		4.3.11 叠石结合植物护岸 ······ 071
		4.3.12 置石结合植物护岸 ······ 073
		4.3.13 抛石结合植物护岸 ······ 074
		4.3.14 坡脚种植槽结合植物护岸 ······ 076
		4.3.15 水生植物护岸 ······ 077
	4.4	河床水土保持措施 ······ 080
		4.4.1 石笼沉排护底 ······ 080
		4.4.2 浅滩植被修复 ······ 081
		4.4.3 生物浮床 ······ 083
		4.4.4 水生植物 ······ 083
		4.4.5 置石结合植物护底 ······ 084
		4.4.6 河心洲植被恢复 ······ 085
		4.4.7 河床减防渗措施 ······ 087
	4.5	横向拦、蓄水及截污设施 ······ 090
		4.5.1 橡胶坝 ······ 090
		4.5.2 跌坎 ······ 091
		4.5.3 溢流堰 ······ 093
		4.5.4 截污设施 ······ 094
	4.6	库（河）滨带水土保持措施 ······ 095
		4.6.1 陆相保护带水土保持措施 ······ 096
		4.6.2 水位变幅带水土保持措施 ······ 097
		4.6.3 水相辐射带水土保持措施 ······ 098
	4.7	小流域沟（河）道水土保持措施 ······ 099
		4.7.1 沟（河）道两侧治理 ······ 099
		4.7.2 沟（河）道清理整治 ······ 100
		4.7.3 沟（河）道边坡防护 ······ 102
	4.8	建设期间水土保持措施 ······ 103
		4.8.1 土石方平衡及合理利用 ······ 103

  4.8.2 施工阶段水土流失防治 ·········· 103
  4.8.3 施工临时占地恢复 ·········· 105

5 北京市河道建设项目水土保持措施体系 ·········· 107

5.1 山区河道 ·········· 108
  5.1.1 基本属性 ·········· 108
  5.1.2 水土流失特征及防治要点 ·········· 109
  5.1.3 水土保持措施体系 ·········· 110

5.2 平原河道郊野段 ·········· 112
  5.2.1 基本属性 ·········· 112
  5.2.2 水土流失特点及防治要点 ·········· 113
  5.2.3 水土保持措施体系 ·········· 113

5.3 平原河道城镇段 ·········· 116
  5.3.1 基本属性 ·········· 116
  5.3.2 水土流失特点及防治要点 ·········· 117
  5.3.3 水土保持措施体系 ·········· 117

6 河道治理水土保持措施推荐典型模式 ·········· 121

6.1 山区河道 ·········· 122
6.2 平原河道郊野段 ·········· 125
6.3 平原河道城镇段 ·········· 127
  6.3.1 直立挡土墙美化 ·········· 127
  6.3.2 坡面防护 ·········· 128
  6.3.3 水质净化 ·········· 132
  6.3.4 消能措施 ·········· 134

7 结论 ·········· 137

7.1 结论 ·········· 138
7.2 探讨 ·········· 139

参考文献 ·········· 140

河道生态治理水土保持技术

1
国内外研究进展

1.1 国外研究进展

20世纪初,欧洲地区工业发展迅速,经济突飞猛进,土地、河流等自然资源过度开发利用,造成雪崩、山崩、洪流等自然灾害接二连三地发生,因此被迫提出可行的应对之策。据此,1938年德国的Seifert首先提出"河溪近自然治理"的概念,它是指在完成传统河流治理任务的基础上,以近自然的工程措施进行河流整治,达到改善河流生态环境的目的;继Seifert之后,Kruedneer于1951年提出了"生物工程(bioengineering)"一词,指出生物工程就是一种在进行大地或者水资源工程时,用于处理不稳定边坡或者河岸、河床所采用的生物学知识的技术;20世纪50年代末,德国正式创立了"近自然河道治理工程学",提出河道的整治要符合生命化,并在20世纪80年代末又提出了将河道"重新自然化"的概念,并将其应用到河道改造的工程实践中,力争将河流修复到接近自然的程度。

美国、加拿大在柴木枝条护岸技术的基础上,经过多年研究,提出"土壤生物工程护岸"技术,并于20世纪70年代形成一套完整的理论和施工方法,得到了广泛应用(图1-1)。

英国在河流生态治理中制定出将河流修复到接近自然程度的生态目标,应用"近自然化"的治理模式,使河道治理在深度和广度上都取得了相当的进展,主要通过重建深塘、浅滩、恢复被截直河段、束窄过宽的河槽、拆除混凝土护砌及涵洞等手段,达到河流安全、生态、景观、休憩等多重功能的发挥。

在亚洲,日本政府于20世纪90年代,效法德国、瑞士的河道"自然型护岸"技术提出"多自然型河川工法",并于1997年对旧《河川法》进行了大幅度的修改,在原来的河川"治水""利水"两大管理目标基础上,增加了新的管理目标——"环境",将河流水域、河滨

图1-1 美国爱达荷大瀑布城

图1-2 日本京都

空间、河畔居民社区当作一个有机的整体,强调以石材、木材、活体植物等自然材料为先,综合应用植物工程复合技术的生态工程方法治理河流环境、恢复水质、维护景观多样性和生物多样性,并在这一理念的指导下,在多个市县进行试验工程,完成了岩手县、神奈川县、横滨市等多个市县河道的生态治理,并创新出植被型生态混凝土护坡技术,将其应用到河道边坡防护中,效果良好,为世界各国河道生态治理提供了丰富的实践经验和理论知识(图1-2~图1-4)。

总之,国外在河流修复中,注重河流自然属性的发挥和生态功能的恢复,通过应用植物护坡、植物工程复合护坡、土壤生物工程法等修复技术恢复缓冲带、重建植被、修建人工湿地、降低河道边坡、重塑浅滩和深潭、修复水边湿地及沼泽地和森林、修复池塘等,使河流在发挥基本功能的同时,营造出优美的生态环境。

图1-3 日本箱根

图1-4 日本东京

1.2 国内研究进展

近年来，为维护自然环境，保护活水源头，提升民众生活质量，促进水资源永续利用，维护河道生态景观，改变以往集水区相关工程过于注重安全性和实用性，忽略生态环境的现象，台湾加强了河道生态保育知识的宣传和普及（图1-5、图1-6）。河道生态环境保护问题已被视为生态水利工程学的重要课题，并在吸收日本"多自然型河川工法"的基础上，提出河道环境改造的重要方法——"生态工法"，在国土开发中，寻求与自然和平相处的方法。

在河道"生态工法"研究方面，李锦育根据台湾河流特性，研究了施工与生态原理相结合的设计方法，并在实际运用中探讨了此法的可行性。深圳福田河对河道采取"防洪、治污、生态修复为一体"的综合整治方法，实现人水和谐的河道生态环境功能（图1-7）；刘建平探索了福建金溪传统与现代相碰撞、城乡融合、工学与生态完美结合的河道治理理念。

以往为保护城市安全，片面强调河流的防洪功能，片面追求河岸的硬化覆盖，河流完全被人工化、渠道化，破坏了河流的自净能力和生态链，随着经济发展、人口剧增，河流污染、水土流失等问题逐步加剧，导致河流生态环境持续恶化。近年来，人们开始对破坏河流自然环境的做法进行反思，内地相关部门以"谁开发谁保护，谁造成水土流失谁治理"为原则，遵循河道水土流失综合治理"三原则"，吸取国内外"生态治河"的实践经验和研究成果，对生态环境较差河道开始整治，并在整治中注意河道水土流失防治、生态保护及景观功能的发挥。

在河道水土保持生态治理实践方面，北京市在1998年治理昆玉河时提出了"水清、岸绿、流畅、通航"的"生态治河"目标；上海

图 1-5　台北绿川

图 1-6　台湾土工材料厂示范区

图1-7 深圳

的苏州河、杭州的东河、绍兴的城河等通过生态整治，也都以崭新的面貌展示在人们面前。

在河道水土保持生态治理技术方面，从最初只是对国外技术的模仿和应用，到消化、吸收国外技术的内涵，尝试研发新的技术，国内"生态治河"技术也取得了较好的发展。例如，清华大学近年研究的生态型透水性混凝土材料，可将雨水迅速地渗入地下，还原成地下水，使地下水资源得到及时补充；吉林省水利科学研究所的石笼植物复式网格护坡新技术综合了石笼网格、土工草网垫、土工织物隔离层、草皮植被的工作原理，将工程防护与植物保护综合成一体，构成了新的复合型护坡技术；胡海泓等在广西漓江治理工程中提出了石笼挡墙、网笼垫块护坡、复合植被护坡等生态型护坡技术。

在河道水土保持生态治理研究方面，王艳颖等研究了木栅栏砾石笼护岸技术；刘盈裴研究了多孔隙生物护岸技术，并对其护岸效果进行了验证；陈明曦等探索了应用景观生态学原理构建城市河道生态护岸方法；季永兴等在吸取国内外河道整治和其他领域生态护坡经验的基础上，探讨了不同材料的生态型护坡结构新方法。

总之，国内河道水土保持生态治理中，北京市无论是在理论研究方面，还是工程实践方面都走在国内其他省市的前列，尤其是在工程实践方面，进行了大量的实践，取得较好的成绩，值得其他省市学习和借鉴。当然，在这一过程中还存在一些不足，如护岸植物的选择中多注重景观植物的应用，而忽视水土保持植物的应用，需要在下一步的工作中注意改进。

1.3 北京市河道建设水土保持技术现状

在摒弃了以往片面强调河流的防洪功能，片面追求河岸的硬化覆盖，建设钢筋混凝土直立式护岸、混凝土块护坡等理念后，北京市河渠整治工程开始重视河道生态建设、水土流失防治、自然景观建设等，相关部门遵循水系水土流失综合治理"三向循环"原则，通过对河道上下游、横向、纵向不同区域功能、形式、建设目标、水土保持要求等综合分析，汲取国外"生态治河"的实践经验和研究成果，于1998年开始对北京市水系进行大规模的整治，综合应用石材、木材、砖材、活体植物等多种柔性或透水性防护材料，在保证河道行洪、排涝、航运、供水等基本功能发挥的同时，在河道的景观绿化、生态建设、治污、防污、水土保持等多方面取得了较好的效果。

1.3.1 贯彻"生态优先，以人为本"理念

（1）坚持"因地制宜、就地取材"的水土保持和生态治河理念。在河道治理工程中综合应用自然石材、木材、砖材、活体植物等多种柔性或透水性生态护岸材料，在防治河道水土流失的同时，实现良好的景观、生态效果。

（2）贯彻"以人为本"的理念。在河岸边设置亲水平台、设施等，为沿河居民提供滨水休闲娱乐空间，并对亲水步道、平台等采用自然块石或透水砖铺装，在较宽阔亲水平台上营建种植空间，进行绿化美化；在河边可利用空间修建休憩设施，并采取垂直绿化等措施。

1.3.2 综合防治水土流失

以"综合防治"为指导方针，从单一防护走向工程、植物、临时防护措施相结合的综合防护形式；从单一绿化走向乔、灌、草、花相

结合的立体复合绿化美化模式；从单纯应用园林绿化植物走向应用适应性强、自我繁殖能力强、覆盖度高的水土保持乡土植物组合；从仅以坡面防护为主，走向建立堤顶绿化美化、路面坡面径流截排、坡面防护、河床防护、河底减渗等全方位水土流失综合防护体系（图1-8～图1-17）。

图1-8　天然石材结合植物防护（白河干沟桥段）

图1-9　乡土植物结合水生植物防护（白河滦赤路段）

图1-10　生态砖结合绿化美化植物护坡（丰草河）

图1-11　仿木桩、山石结合水生植物防护（转河）

图1-12　水衙沟

图1-13　蟒牛河

图1-14　清河

图1-15　西峰寺沟

图1-16　采用乔、灌、草、花结合六棱花饰砖绿化美化、综合防护坡面（凉水河丽泽路段）

图1-17　采用乔、灌、草、花相结合的生态绿化美化形式防护坡面（坝河东坝路段）

1.3.3 从源头防治水土流失

山区小流域沟（河）道作为大流域的支流，是山区汇水泻流的重要通道，因此，流域源头保护尤为重要。近几年北京市通过沟（河）道疏浚整理、截流防渗、生物通道、生态护坡等措施的综合应用对山区小流域沟（河）道进行治理，沟通贯穿沟（河）道内原有水系，以水带景，形成一条可供游人观赏的生态水景廊道，实现涵养水源、保持水土目的的同时，改善当地的生态环境，助力推进和谐新农村的建设（图1-18～图1-21）。

1.3.4 与生态截污、治污相结合

通过在无通航要求的排水、风景观赏河道内栽植芦苇、荷花、睡莲、荇菜等水生植物；投放螃蟹、鱼苗、河蚌、螺蛳等水生动物，吸附、降解水中的有害物质、净化水体、阻逆漂浮物等，实现河流水质的生态净化（图1-22～图1-25）。

图1-18 自然野草坡面生态防护（凉水河亦庄段）

图1-19 自然野草结合六棱花饰砖坡面生态防护（坝河管庄桥段）

图1-20 置石护岸（二道河小流域）

图1-21 河底铺设膨润土防水毯进行防渗（永定河王平段）

图 1-22 自然山石护岸

樱桃沟

图 1-23 河岸带综合治理

潭柘寺

图1-24 清河（肖家河桥段）

图1-25 妫水河公园

河道生态治理水土保持技术

2 项目区概况

2.1 | 地理位置

北京地处华北平原的北部，东面与天津市毗连，其余三面与河北省相邻。地理坐标：北纬39°28′~41°05′，东经115°25′~117°30′。

2.2 | 地形地貌

北京由西北山地和东南平原两大地貌单元组成。在古地质构造、新构造运动和外营力长期影响和作用下，北京地貌总地势为西北高，东南低。西北部山脉绵延，山峰林立，其中东灵山海拔2303m，为全市的最高点；东南部平原海拔一般不超过100m，绝大部分为30~50m，地势由西北向东南倾斜。全市最高点与最低点的相对高差为2295m，北京市总面积16410km^2，其中山区面积10174km^2，占总面积的62%；平原区面积6236km^2，占总面积的38%。

2.3 地质土壤

北京从大地构造单元来说，西北部山区和东南部平原同属华北地台的一部分；西北部山区在地质构造单元上属燕山沉降带，由褶皱和断裂构成，为燕山运动的产物；东南部平原在地质构造上属华北凹陷的一部分。

北京平原地处山前冲洪积扇发育区，冲洪积扇相互叠压，河流、湖泊、沉积凹陷并存，沉积物横向相变迅速，纵向很不稳定，结构十分复杂。北京平原主要由永定河冲洪积扇群和潮白河冲洪积扇组成，其中永定河冲洪积扇群由多个扇体相互叠压，在北京市域内有两个扇体（称Ⅰ号扇、Ⅱ号扇），其余则分布在河北。

永定河Ⅰ号冲洪积扇的轴线为东西方向，大致沿长安街由西向东。扇顶在石景山地区，砂砾石出露地表厚数十米。冲洪积扇的中部为中砂—细砂—粉砂与黏土互层。河道部位为砂砾石和砂。河道两侧沉积物粒度变细。通州地区是该冲洪积扇的扇缘，沉积物颗粒较细，以黏土、亚黏土为主。

通州向东至宋庄一带是永定河没有"Ⅰ号"冲洪积扇与潮白河冲洪积扇的结合部位。两个扇的沉积物相互叠压比较复杂。永定河冲洪积扇的形成时间较早，其底界埋深422m。冲洪积扇之下为上新世湖相沉积。在大兴隆起部位冲洪积扇覆盖在寒武、奥陶系之上。

永定河Ⅱ号冲洪积扇形成时间较晚，其轴线为南东方向，与古漯水、古浑河、古永定河走向一致。Ⅱ号冲洪积扇的规模较大，扇缘分布在与河北省交界附近。扇顶在石景山附近，砂砾石层沿古河道向东南方向凸出。潮白河冲洪积扇相对较稳定，形成时代较永定河冲洪积扇晚，潮白河冲洪积扇南部在通州与永定河冲洪积扇相互叠置交错。北京平原的沉积凹陷严格受断裂控制。凹陷中心第四系厚度大，后沙峪凹陷中心第四纪厚约1000m。北京地区成土因素复杂，形成了多种多样的土壤类型。由于不同地区的成土因素的差异，土壤有明显的地域分布规律，同时土壤随海拔由高到低呈现明显的垂直分布规律。北京市土壤共划分为7个大类、17个亚类。7个大类为山地草甸土、山地棕壤、褐土、潮土、沼泽土、水稻土、风砂土。

2.4 ｜ 气候气象

北京属暖温带半湿润大陆性季风气候，夏季高温多雨，冬季寒冷干燥，春、秋季短促。年均太阳辐射量为135kcal/m^2，热量从东南向西北逐渐降低；全年日照时数春季最多，每月日照230~290h，冬季最少，每月日照不足200h；年平均气温为12.7℃；1月最冷，平均气温-3.9℃，7月最热，平均气温26.5℃；年平均降水量537.2mm，降水季节分配很不均匀，全年降水的80%集中在夏季，7、8月常有暴雨；无霜期189天；年平均风速2.4m/s。

2.5 ｜ 植被情况

北京受暖温带大陆性季风气候的影响，形成的地带性植被类型为暖温带落叶阔叶林。由于境内地形复杂，生态环境多样化，致使北京植被种类组成丰富，植被类型多样，并且有明显的垂直分布规律。

从植物区系组成分析，自生被子植物中，以菊科、禾本科、豆科和蔷薇科的种类最多，其次是百合科、莎草科、伞形科、毛茛科、十字花科和石竹科，反映区系成分以华北成分为主。

此外，在平原地区还有欧亚大陆草原成分，如蒺藜、猪毛菜、柽柳、碱蓬等，深山区保留有欧洲西伯利亚成分，如华北落叶松、云杉、圆叶鹿蹄草、舞鹤草等；同时，有热带亲缘关系的种类在低山平原也普遍存在，如臭椿、栾树、酸枣、荆条、黄草、白羊草等。

2.6 ｜ 河流水系

北京分布着大小河流200余条，总的地貌轮廓支配着境内河流的流向和格局。北京地表水系均属海河流域，包括大清河、永定河、潮白河、北运河和蓟运河五大水系，这些水系最后一般都流向东南，形成了反映地势总倾斜的似扇状水系。

2.7 社会经济

北京市全市共辖14个区、2个县，共有140个街道办事处和182个乡镇。2022年末全市常住人口2184.3万人，其中，城镇人口1912.8万人，占常住人口的比重为87.6%；常住外来人口825.1万人，占常住人口的比重为37.8%。

2022年全年生产总值41610.9亿元，人均生产总值达到19.0万元，全年城镇居民人均可支配收入达到84023元，农村居民人均纯收入为34754元；全市城镇绿化覆盖率达到49.3%，城镇人均公园绿地面积16.89m^2。

2.8 土地利用现状

北京市土地总面积16410.54km^2，山地多、平原少，其中山区面积约占总面积的62%，平原面积约占38%。根据2022年的土地利用变更调查，全市农用地12140.53km^2，占总面积的73.98%，其中耕地为1248.23km^2；建设用地4133.82km^2，占总面积的25.19%；未利用土地136.19km^2，占总面积的0.83%（图2-1）。

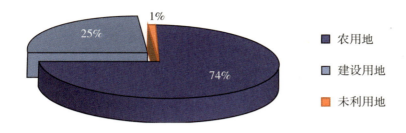

图2-1 北京市土地利用现状图

2.9 水土保持功能区划

根据全国水土保持三级区划,结合北京市主体功能区特点,将全市划分为地表水源涵养区、地下水源涵养区、城市径流控制区及土壤侵蚀控制区四个功能区。

地表水源涵养区位于北京市北部和西部,面积6322km², 占全市总面积的39%,区域内主要存在的问题是水土流失和农业面源污染。

地下水源涵养区位于北京市山前冲积扇和中心城外围平原区,面积3714km²,占全市总面积的23%。主要是农村污水、生活垃圾、农业面源及畜禽养殖等问题,永定河、潮白河等流域存在大面积沙化土地,水土流失危险大。

城市径流控制区主要分布在北京市平原中心地区,面积2845km²,占全市总面积的17%,区域内人为活动频繁,原地貌破坏严重,硬化面积大,城市面源污染严重,防洪排涝能力有待提高。

土壤侵蚀控制区位于北京市西部及东北部山区,面积3529km²,占全市总面积的22%,区域内分布有崩塌、滑坡及泥石流易发区,存在裸露废弃矿山,人为活动造成的水土流失及面源污染。

河道生态治理水土保持技术

3
北京市河道建设项目类型划分

河道建设项目类型划分是开展河道水土流失防治工作的基础，对河道治理和保护管理工作具有现实意义。河道类型划分依据众多，但主要是从水利工程角度出发划分的，有的人为影响较大，有的不具备河流地貌特征，有的仅具备物理特征，有的只利于行政管理，这些划分都难以全面反映河道基本特性与其水土流失特性之间的关系，如何从水土保持的角度划分河道类型，并进行合理的措施布设，一直是水土保持工作者研究的重点。本研究综合河流的物理、生物特征、水利基本类型划分、影响河道水土流失的因素等，进行基于生态功能的河道类型划分，以便更好地防治河道治理项目产生的水土流失。

3.1 河道基本类型划分

3.1.1 区域地形

河道依据其水流流经区域地形一般分为山区河道和平原河道两类。

（1）山区河道：山区河道一般位于河流上游段，包括上游支流及野溪等，因其坡度陡峭、流速湍急而致河床大块石密布，河段一般位于谷地，河幅狭窄，河滩地几乎不存在，河床块石杂陈，常有自然急滩与深潭，其位置会因洪水而改变，人为活动少，水质未受污染，生态多样性丰富且景观自然，是水生动物的优良之栖息地，植被常为乔木间杂灌木与草本植物。

当河流出谷后，河幅渐宽、坡度渐缓，渐有河滩地之形成。但流速仍急，常因砂石入流量大，而形成砂洲、砾石滩及卵石河床，常呈辫状流况，且此段周边人为活动渐增，造成生态环境破坏与水质污染，植被渐变为杂木与灌木，水域生物栖息地常受人工构造物的影响。

（2）平原河道：当河流进入平原地区，河幅宽广、水流和缓，且河滩地开阔。因流速缓慢，常形成冲积层，河床均为泥砂覆盖，而低水流路常在主河道内蜿蜒曲折而行。平原河道因河幅宽广，生态环境与上、中游河段有相当大之差异，河滩地常作耕地使用，水质污染严重，对水生生物会造成不良影响。

3.1.2 区域人居情况

河道按照流经的区域人居社会特性可将其划分为城镇河道、郊野河道及山区河道。

（1）**城镇河道**：一般位于周边土地已高密度开发的河段，建筑物与人口密集，污染源多，污染负荷大，自然环境已不复存在。因人为活动频繁，已偏重于人文特质环境，水域环境、河岸防护物兴建等常因人为活动频繁而受干扰，且通常有景观休闲的要求。

（2）**郊野河道**：一般位于人口较密集之地区，河流周边村镇零星分布，土地利用以农耕与住宅为主，属中度开发地区。因人为活动较为频繁，部分自然环境遭受人为构造物破坏，兼具城镇与农村风貌，部分河段有景观休闲的要求。

（3）**山区河道**：一般位于人口稀疏的河段，河流周边土地利用以自然林地、农牧为主，住宅农舍零星散布，属低度开发地区。因人为活动较少，环境大部分维持自然状态，生物栖息环境良好且具田野景观。

3.1.3 汇流情况

河流由源头至河口，根据其水流作用的不同及其所处地理位置的差异，由高向低可将其分为源头、上游、中游、下游和河口五段。

（1）**河流源头段**：河流源头段一般属山沟形态，为水流汇集处，水量不大或地表上看不到水流，河流侵蚀作用不明显，河流土壤与养分堆积较多，为生物较肥沃的生育环境。山沟地区阳光照射时间较短，适宜耐荫性植物的生长。因此，源头段植物以耐荫性、阔叶、耐湿的植物为主，且植物种类繁多，物种差异度大，植物群落演替达稳定状态，易成大自然的种源库。

（2）**河流上游段**：河流上游段一般位于陡峭的山区，河床坡度陡，水流湍急，以水流的侵蚀作用为主，降雨后集中径流常造成坡面侵蚀及崩塌，大量土石向中、下游搬运，河床砂砾堆积量少而巨石多；河道周围林木覆盖率高，滨水植物多为乔木与杂木林，河道内高大树木不易生长，小乔木及草本群落较占优势，水生植物以附着在石质底床或缝隙间的藻类或苔藓类为主，河流能量除日照外，还有许多枯枝落叶；河流湍急，水温较低，且四季变化小，生活于上游河段的鱼类多属适应冷水性与急流性者；上游段水质清澈，水生昆虫多属水质未受污染的种类，并以碎食者、滤食者等居多，多种生物具吸盘、勾爪等以适应流速较强的河流环境。

（3）河流中游段：河流中游段大多位于山区与平原交界的山前丘陵区和平原地区，河床坡度变缓、水流减缓，水深而流量均匀，以水流的搬运、堆积作用为主；河床基质多为透水性较高的砂砾或圆卵石，多呈扇状堆积，使洪水流路变化大；河幅渐宽，植被渐由灌木取代乔木，水生植物则以附生藻类与沉水植物为主，河流遮蔽率较低，地形变化较大，产生深潭、缓流等区域供水生生物栖息，水域中的生产者由附着性的藻类转变为固着性及浮游性藻类；生活于中游段的鱼类较丰富，以附生藻类为食的缓流性鱼类为主，因上游段漂流而下的落叶腐殖质开始堆积而水生昆虫数量增多，以滤食者和植食者为优势。

（4）河流下游段：河流下游段多位于平原至河口区域，水面宽阔、平坦；河床比降小，以水流的堆积作用为主，河床基质逐渐砂质化，直线段河道内沙洲交互形成，蜿蜒段河道内常形成固定的深潭及浅滩；河道支流多、水量大、水流平缓，水温较高而溶氧量低；植被生长渐趋茂盛，岸滩、河洲和浅水区植物以禾本科为主，且滩地常种植经济作物，河流水域遮蔽率甚低，水域中的生产者以浮游性藻类占优势，且由于湿地与水塘多，水生植物则以浮水性与挺水性植物为主；因此段水质常遭受污染，鱼类与水生昆虫以耐污染性及缓流性者为主，水生昆虫以滤食者占优势，鱼类资源则出现大型或洄游性的鱼类。

（5）河口段：河口段位于河流入海区域，受潮差影响，这一区域水位变动大，河床常在低潮时露出水面，而在高潮时又浸入水中，形成海水与淡水交汇的特殊环境；水深一般较大，河幅较宽阔，排水受潮汐影响大，水质及水温变化大，水流侵蚀作用少而堆积作用多，常形成三角洲或岛、湖等；河床沉积物多为细砂及黏土，浅滩极少见，若有横向人工构造物通过，常在其基础部分形成深潭；受海水、淡水交汇作用影响，植被以盐生植物为主；水生生物种类繁多，常为其他生物提供丰富的食物。

3.1.4 主体功能

河道具有行洪、排涝、蓄水、灌溉、航运、旅游等众多功能，但其主要的功能是排除洪涝、为人们提供日常生产生活用水和满足人们建设生态性、亲水性、观赏性的休闲、娱乐景观用水，因此，北京市河道依据其水系特点和主体功能要求可划分为排水河道、水源河道和风景观赏河道。

（1）排水河道：此类河道通常无活水水源补给条件，河道功能主要侧重于防洪，对其观赏性功能要求相对较弱；且不要求有常流水，不调配环境用水，枯水期允许其断流，其主要功能就是排出城市洪水。因此，此类河道建设中要减少不利于河道行洪安全的项目，确保河道行洪安全。

（2）水源河道：此类河道有保障率较高的活水水源补给条件，河道适宜水生生物群生存，有不间断的新鲜水源补充，河道流速适中，在流速满足的条件下，可适量行洪，但不能对生物群产生破坏，河道断面多宽浅，亲水性强，需严格控制进水水质，不得污染，并可利用河道生物群对水质作进一步净化。

（3）风景观赏河道：主要是城镇、农村内部和旅游风景区周边的河道。此类河道有活水水源补给条件，但保障率较低，河道不强求有固定生物群生存，但其水质要达到一定标准；此类河道要承担一定的行洪功能，不要求有常流水，可采用水闸、橡胶坝等工程措施在河道内蓄水，也可利用再生水冲污；此类河道需要适量地、定时地消耗一定量的清洁水源；此类河道改造中可对断面形式进行优化，以同时满足行洪、景观观赏的要求，并可在条件适宜的河段建立港湾，形成局部生态环境，在建设中要突出其生态性、亲水性、景观性功能的发挥，以河道景观建设带动滨河区开发建设，在综合治理的基础上，加快集水资源综合调度，建成集防洪、景观、休闲于一体的生态工程，实现"水清、岸绿、景美、游畅"的目标。

3.1.5 断面形式

不同的过水断面能使水流速度产生变化，增加曝气作用，从而加大水体中的含氧量，且多样化的河道断面有利于产生多样化的生态景观，进而形成多样化的生物群落。河道断面按其形成原因可以分为天然断面和人工断面。人工断面按其形式可分为复式、梯形、矩形、双层，因此，河道按其断面形成原因可划分为天然断面河道和人工断面河道，其中人工断面河道可细分为矩形断面河道、梯形断面河道、复式断面河道和双层断面河道。

3.1.5.1 自然断面河道

自然断面是在长期的水流作用下，未受人为活动影响而形成的河流断面形式，这种断面形式最适宜河流。因此，在人类活动较少的区域，在满足河道功能的前提下，应减少人工治理的痕迹，尽量保持原有河道面貌，使原有的生态系统不被破坏。在保持天然河道断面有困难时，按复式断面、梯形断面、矩形断面的顺序进行选择（图3-1、图3-2）。

3.1.5.2 人工断面河道

（1）矩形断面：一般适用于城镇、乡村等人居密集地周边的河道或航道。以防洪为主要功能的农村河道，地方基础冲刷严重，可采用浆砌石基础，投资少、整体性能好、抗冲能力强。平原河网水位一般变幅不大，河道断面设计时，正常水位以下可采用矩形干砌石断面，正常水位以上采用毛石堆砌成斜坡，以增加水生动物生存空间，削减船行波等的冲刷，有利于堤防保护和生态环境的改善。若河岸绿化带空间充足，采用缓于1∶4的边坡，以确保人类活动安全（图3-3、图3-4）。

（2）梯形断面：占地较少，结构简单实用，是中小河道常用的断面形式。一般以土坡为主，有利于两栖动物的生存繁衍。河道两岸保护（或管理）范围用地，有条件的征用，无条件的可采用借田租用等方式，设置保护带，发展果树、花木等经济林带或绿化植树，防止河

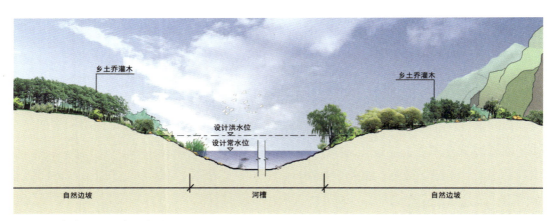

图3-1　自然断面设计示意图

图3-2　自然断面典型实例

岸边坡耕作，便于河道管理，确保堤防安全。

梯形断面的河道在断面形式上解决了水陆生态系统的连续性问题，但是亲水性较差，陡坡断面对于植物的生长有一定的阻碍，而且不利于景观的布置，而缓坡断面又受到建设用地的限制（图3-5、图3-6）。

（3）**复式断面**：适用于河幅开阔的河道。洪水期流量大，允许洪水漫滩，使过水断面增大，洪水位降低，一般不需修建高大的防洪堤；枯水期流量小，水流归槽主河道，可充分开发河滩的功能。根据河滩的宽度和地形、地势，结合当地实际，开发利用不同的功能。如滩地较阔宽，一般可开发高尔夫球场、足球场等大型或综合运动场；河滩相对较窄，可修建小型野外活动场所、河滨公园或辅助道路等。河滩的合理开发利用，既能充分发挥河滩的功能，又不因围滩而抬高洪水位，加重两岸的防洪压力。

图3-3 矩形断面设计示意图

图3-4 矩形断面典型实例

图3-5 梯形断面设计示意图

图3-6 梯形断面典型实例

　　复式断面在常水位以下部分可以采用矩形或者梯形断面，在常水位以上部分可以设置缓坡或者二级护岸，所以复式断面既解决了常水位时亲水性的要求，又满足了洪水位时泄洪的要求，为滨水区的景观设计提供了空间，而且由于降低了驳坎护岸高度，结构抗力减小，护岸结构不需要采用浆砌块石、混凝土等刚性结构，其可以采取一些低强度的柔性护岸形式（图3-7、图3-8）。

　　（4）**双层断面**：双层断面是上层为明河，下层为暗河的断面，通常适用于城镇区域内河道。下层暗河主要功能是泄洪、排涝；上层明河具有安全、休闲、亲水等功能，一般控制30~50cm的水深，河中放养各种鱼类，河道周边建造嬉水喷水凉亭等休闲配套设施，具有较好的安全性和亲水性，可提高河道两岸人居环境和街道的品位（图3-9）。

图3-7 复式断面设计示意图

图3-8 复式断面典型实例

图3-9 双层断面设计示意图

3.2 水土保持角度河道类型划分

要从水土保持角度对河道建设项目进行合理划分，就要对河道水土流失的影响因素、河道基本属性与水土流失及防治的关系、水土流失防治要求等进行全面、细致的分析，才有可能合理划分水土保持角度河道类型。

3.2.1 影响河道水土流失的因子

（1）**地形**：山区河道因地形起伏较大、地质结构复杂、气候差异悬殊、暴雨集中且强度大、河道坡降大、流域面积小，使水流流程短、汇流时间短、汛期洪水位高、水流速度快、挟沙能力和冲刷能力强、推移质和悬移质多，常造成河岸堤防坍塌、滑坡，淤塞河槽，再遇洪水，灾害损失迅速扩大，重则损毁耕地、摧毁乡镇村庄等。平原河道由于气候变化或构造上升运动原因，河流微微切入原来的堆积层，形成开阔的河谷，在谷坡上常留下堆积阶地的痕迹。河流的堆积作用在河口段形成三角洲，三角洲不断延伸扩大，形成广阔的冲积平原。

（2）**人居活动**：随着人口不断增加，各种各样的需求也随之增加。开挖地表建设、生产与生活垃圾堆放、污水排放、垦荒种田、生产建设等造成水流改道、水质污染、河床抬高、河道断面形式、坡度改变等，使得水土流失加剧，且人口聚集区河道通常有景观建设要求。

（3）**功能**：河道的功能决定了其可采取的断面形式，不同的断面形式又影响水土保持措施的布设、维护和安全稳定的运行。

（4）**断面形式**：河道断面形式不同，过流流速亦有差距，且不同的断面形式需要采取的防护设施、防护设施布置位置等亦不相同，因此，河道的断面形式亦对河道水土流失有较大影响。

（5）**坡度**：坡度是决定径流冲刷能力的基本因素之一，而径流冲刷能力是影响边坡稳定性的重要因素。径流冲刷能力越强，对边坡的破坏作用就越大。坡度与径流冲刷能力的关系为坡度越大，径流冲刷能力越强，侵蚀量也越大，但有一临界坡度，超过临界坡度，侵蚀量随坡度的增加而减小。

（6）**坡长**：坡长是影响边坡稳定性的因素之一，已有资料表明，在相同降雨条件下，坡长越长，径流量也越大。但当坡面较长时，水流由上坡侵蚀的泥沙量多，能量消耗大，于是，流速降低，入渗量增加。因此，当坡长超过一定长度（约40m）时，单位面积侵蚀量将减小。

（7）**土壤**：土壤是水力和风力侵蚀的主要对象。不同的土壤具有不同的通气、渗水、保肥、保水和抗蚀能力，是影响边坡稳定和水土保持植物措施布设的重要因素之一。因此，明确项目区的土壤类型和主要特性，对于选择合理的防治措施，最大限度地减少项目建设、运行过程中的水土流失，具有十分重要的意义。

（8）**植被**：植被具有截留降雨、减小流速、减轻雨滴击溅地表、分散流量、过滤泥沙、固结土壤、改变地表径流、改良土壤、促进渗蓄等作用。植被种类不同，生长条件和减缓水蚀的能力也不同。因此，熟悉植被特性、生长条件、分布情况等对河道水土保持措施设计及植物品种选择具有重要的意义。

（9）**流速**：河流流速指水流在单位时间内流过的距离，具有侵蚀、搬运、堆积等作用。河流流速大小不仅影响河道河床、河岸的形态，还影响水土保持措施的布设。因此，布设水土保持措施前，首先应了解河道水流流速及变化频率等。

（10）**水位**：河道水位不仅影响河道断面的设计，也影响河道水土保持措施的布设，因此，应根据河道水位的变化情况选择合适的措施布设。

（11）**河床基质**：河床基质组成决定输砂量及对水流冲刷的阻抗能力，亦即河床基质影响河流的断面形状，平面及纵向剖面形态。另外，河床基质亦是河流生物赖以栖息与生活的基础，河床基质的组成及空间分布影响水域中生物的分布、生物族群的组成及生长的调节，依水域流速或底质扰动的情形，直接影响水质的浊度及其所庇护的生物。

3.2.2 水土保持角度河道类型

根据以上分析可知，影响河道水土流失的最大因素为河道所处区域地形，其次为河道流经区域人居活动的影响，但河道断面形式、功能、水位、坡度等对河道水土流失、水土流失防治措施的效果影响也较大。因此，本研究在保证河道基本功能、属性发挥的同时，依据河道水土流失影响因素、不同影响因素下水土流失特点、防治要求及防护措施的布设原则等，综合确定从水土保持角度将河道划分为山区河道、平原河道郊野段和平原河道城镇段三种类型。

河道生态治理水土保持技术

4 北京市河道建设项目水土保持措施

根据河道建设水土流失特征，分别从堤顶、常水位以上坡面、常水位以下坡面、河床、横向拦蓄水、库（河）滨带、小流域沟（河）道、河底减防渗、建设期水土保持九个方面论述河道建设水土保持技术措施。

4.1 | 堤顶水土保持措施

河道建设项目堤顶水土保持措施，即河道堤防顶部采取的生态防护工程，主要涉及巡河路沿线及堤顶裸露地表的水土流失防治。

河道堤顶常采用的水土保持措施主要有巡河路沿线行道树绿化、路面排水；河道堤顶较宽阔区域的生态园林式绿化美化等。

4.1.1　巡河路绿化

巡河路是维护水系正常运行和防洪抢险的重要保障，巡河路的设计一般与水系治理同时进行，但目前还未形成统一的设计标准。依据对北京市河道调查的结果，北京市城镇河道巡河路多为沥青或混凝土路面，受地域限制，大多没有绿化措施，仅个别巡河路有分隔带、行道树绿化和人行步道透水砖铺装；郊野河道巡河路绿化大部分依据公路绿化模式进行，多为土路肩植草防护或栽植行道树。

（1）**设计原则**：依据河道所处区域环境，选择合适的植物品种。山区、平原郊野段以耐旱、耐寒，防风固土植物品种为主；平原城镇段以耐热、抗污，观赏植物品种为主。依据可绿化区域选择植物品种。宽阔的分隔带内宜选择乔、灌、草综合配置；人行步道宜选择高大、荫浓的乔木；所有植物都应无毒，杨树、柳树要选择无飞絮的；植物配置应与河道景观及道路景观相协调；种植区域应进行下凹式整地，以集蓄水资源。

（2）**适用范围**：适用于有绿化区域的临河道路。

（3）**典型实例**：小月河，北运河（图4-1）。

机非分隔带绿化（中国农业大学东校区段）

人行道透水砖铺装及行道树绿化（健翔桥段）

土路肩乔、草绿化（上清桥段）

巡河路乔灌草绿化（北运河）

图4-1 巡河路绿化应用实例

4.1.2 路面排水

路面排水是为减少由于巡河路地表径流无序漫流或积水，而影响交通、人行安全和浪费水资源的情况，通过排水设施或渠道将地表径流收集、排入河道的方式。通过调查，对于地表径流汇流较小的大部分巡河路，雨水常通过漫排的方式进入河道绿地；对于汇流较大的巡河路，常通过设置汇流沟、拦水带、急流槽、雨水口等拦、集水设施，或在坡面暗埋排水管，以及在路面下修建排水管网的方式将路面径流导入河道。拦水带、急流槽一般为预制混凝土形式；在景观性要求较高的城镇段或石材充裕的山区、郊野段河道可选用卵石砌筑或散铺形成浅碟式汇流沟、排水沟。

（1）设计原则：依据路面径流大小、周边环境、土地利用情况、景观要求等确定排水方式；采用明沟排水方式要考虑排水设计的形式、材质等对生态环境及景观的影响；急流槽大小、间距等要适当；路面污物会随水流进入河道，设计中要注意拦污设施。

（2）措施设计：见图4-2。

（3）适用范围：临河道路。

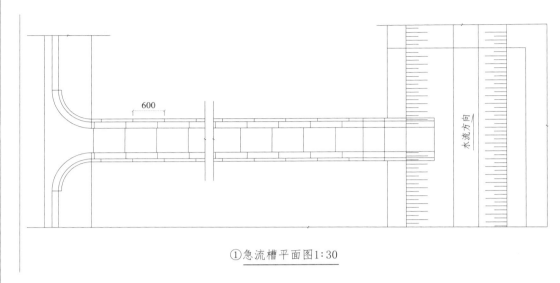

① 急流槽平面图 1∶30

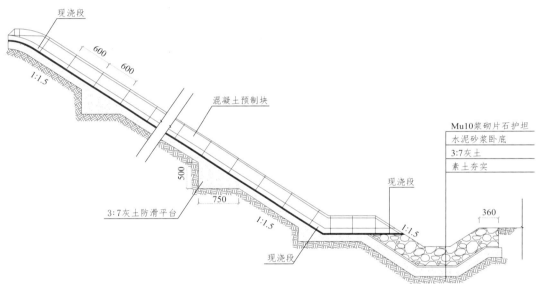

② 急流槽剖面图 1∶30

图 4-2　路面排水措施设计图

（4）典型实例： 通惠河、清河、凉水河、妫水河、丰草河（图 4-3）。

4.1.3　垂直绿化

堤顶垂直绿化技术是指直接利用直立挡土墙顶部微凹地形，回填种植土并栽植草本及藤本植物，实现裸露墙面植被覆盖的绿化技术，该技术解决了直立挡土墙复绿的难题，投资少、效果好。

通惠河　　　　　　　　　　　　丰草河

图4-3　路面排水措施应用实例

北京市常见的用于河道垂直绿化的植物有五叶地锦、迎春、常春藤、扶芳藤、藤本月季、金银花等。

（1）**设计原则**：首要前提是植物的生长不会影响河道主体功能的发挥。其次，植物材料的选择，必须考虑不同习性的植物对环境条件的不同需要和影响，选择耐贫瘠、耐旱、耐寒、无毒、无污染的喜阳或耐荫的藤本、攀缘和垂吊植物；根据种植地的朝向选择攀缘植物。如东南向的墙面或构筑物前应选择喜光的攀缘植物；北向应选择耐荫或半耐荫的攀缘植物；西向应选择喜光、耐旱的攀缘植物。根据所处地段及墙面材质，可选择爬墙虎、凌霄、藤本月季等垂直绿化苗木；根据其观赏效果和功能要求进行设计，所选植物应注意与攀附建筑物的色彩、风韵、高低相配合，如红砖墙面不宜选用秋叶变红的攀缘植物，而灰色、白色墙面，则可选用秋叶红艳的攀缘植物；应注重垂吊植物与其他植物搭配使用，防止形式单一。

（2）**措施设计**：见图4-4。

（3）**适用范围**：适用于河幅较窄，受土地利用限制而修筑了占地较少的直立挡土墙堤防的堤顶，以及较狭窄的平原城镇段矩形断面排水、风景观赏河道。

（4）**典型实例**：转河、小月河（图4-5）。

4.1.4　生态园林式绿化美化

利用堤顶开阔的区域，结合城市绿化，布置生态园林式绿化美化措施，在防治水土流失、促进环境绿化的同时，为市民提供休闲娱乐的空间。

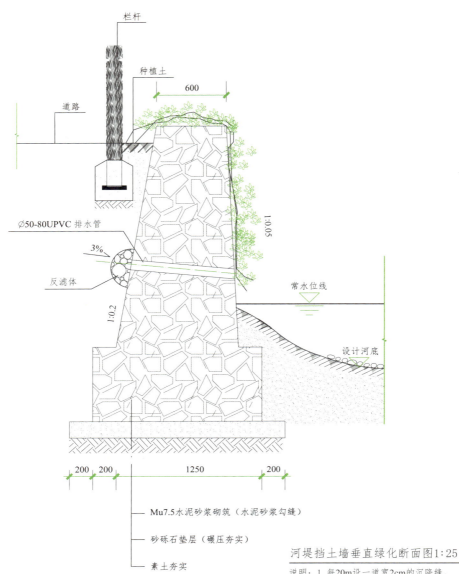

图 4-4　垂直绿化措施设计图

转河（新街口外大街段）

小月河

图 4-5　垂直绿化措施应用实例

（1）**设计原则**：应优先选用当地的乡土植物，基于植物品种间的种间关系，发挥植物的互补性，以实现和谐共生；注意植物的季相变化，实现绿化美化的效果；设计时，必须特别注意植物措施后续管理可行性和管理成本；与非植物天然材料合理配置综合护岸时，要注意护岸方式与植物生长的关系。

（2）**措施设计**：见图4-6。

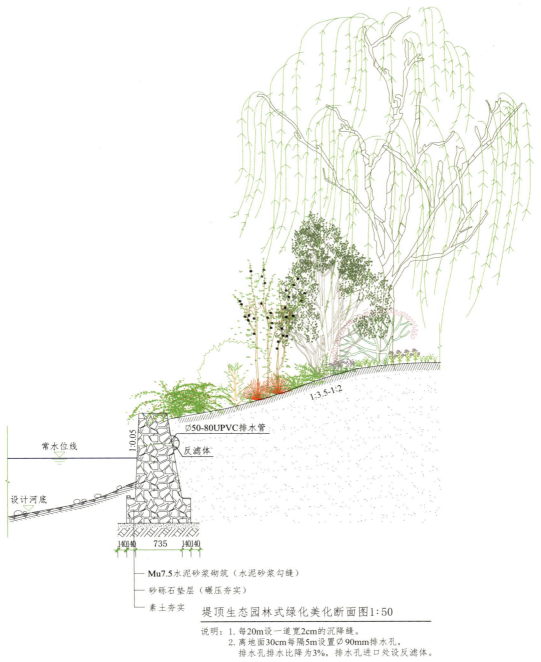

图4-6 生态园林式绿化美化措施设计图

（3）**适用范围**：适用于堤顶可绿化区域开阔的矩形断面城镇风景观赏、排水河道；不适用于受土地资源利用限制，堤顶可绿化空间较狭窄的地段。

（4）**典型实例**：北护城河、转河（图4-7）。

北护城河段

转河段

图4-7　生态园林式绿化美化应用实例

4.2 常水位以上坡面水土保持措施

北京市河道坡面土壤多为细沙、粉砂或黏质砂土，土质疏松，无黏性，抗冲能力差，在雨水冲刷、坡面冻融，以及人为活动的影响下，极易发生水土流失，常造成边坡坍塌、滑坡、坡面剥蚀等，因此，有必要采取适宜的防护措施，防止坡面水土流失，降低边坡塌方风险，减少进入河流的泥沙，保障河道供水、排涝、泄洪等功能的发挥等。

常水位以上坡面虽不受水流的直接冲刷，但受人为活动、降水、地表径流的影响较大，因此应采取综合防护，排水、消能等措施，以减轻水流冲刷，保护边坡稳定，减少泥沙淤积河道。

4.2.1 浆砌石种植穴结合植物护坡

浆砌石种植穴结合植物护坡是在坡面砌筑浆砌石的过程中每隔一定间距留种植孔穴，待砌筑工程完工后，在穴内回填客土，然后栽植植物，利用植物的茎叶对坡面进行绿化覆盖的水土保持措施。该技术石料就近取材，成本低廉；植物多选用生长快、覆盖广、适应性强的藤本植物，如五叶地锦。该技术综合成本低且效果长久，后期管护投入小，是河道浆砌石坡面绿化覆盖效果较为持久的一项护坡措施。

（1）设计原则：在满足坡面防护的基础上，应尽量多留种植穴，种植穴的大小要适宜；种植穴内填土壤应低于穴口上边缘1~2cm；植物可选取当地抗性好，尤其是耐干旱、耐贫瘠的灌木或藤本植物、宿根花卉；种植穴的大小、深度有限，应选择适宜的植物；夏季温度较高时，浆砌石表面温度升高，容易灼伤植物，在选择植物种类时需加以考虑。

（2）适用范围：适用于水位较浅、对景观要求高、硬质护坡面积较大的平原郊野河道；适用于坡度1∶2～1∶0.5的浆砌石坡面；坡度较大时，不适用此措施。

（3）**典型实例**：妫水河（图4-8）。

4.2.2　预制混凝土种植穴结合植物护坡

预制混凝土种植穴结合植物护坡是指在坡面上每隔一定间距铺设带有种植穴的预制混凝土块，待铺设工程完工后，在穴内回填客土，然后栽植植物，实现硬性护砌坡面绿化的综合护坡水土保持措施。种植穴的密度和规格，根据设计预制。

（1）**设计原则**：依据设计坡度选择合适的混凝土预制块；依据种植穴深度，填入适宜量的土壤，一般土壤深度应比混凝土块上表面低2cm左右，以利保持水、土、肥等；依据穴深、容积等，选择耐旱、耐寒、耐瘠薄、耐热、根系发达的植被。

（2）**适用范围**：适用于预制混凝土铺砌坡面的河道，不适用于过陡的坡面，种植穴的深度、容积等有限，不宜栽植乔木。

（3）**典型实例**：清河（图4-9）。

妫水河（1）

妫水河（2）

图4-8　浆砌石种植穴结合植物护坡应用实例

清河南镇段

图4-9　预制混凝土种植穴结合植物护坡应用实例

4.2.3 六棱花饰砖结合植物护坡

六棱花饰砖结合植被护坡是将一定规格的六棱花饰混凝土砖按照顺序，码放在坡面上，并在其中种植植物进行坡面防护的一种常见护坡形式。该措施可发挥六棱花饰砖和植物的双重防护优势。砖体骨架对坡面土壤具有稳固作用，六棱花饰砖中间空隙可蓄水，能有效分散坡面径流，减少冲刷，为植物生长创造条件。

通过调查，此项措施多用于平原河道常水位以上坡面。六棱花饰砖内可栽植的植物较多，常见的护坡效果好的有马蔺、野牛草、鸢尾、沙地柏等。

（1）设计原则：根据边坡坡度和土质条件，选择强度、厚度、大小适宜的六棱花饰砖，在寒冷地区，还应满足抗冻要求；根据河道所处区域气候及土壤条件，选择抗性强、根系发达、生长迅速、适应粗放管理的乡土地被植物栽植。

（2）措施设计：见图4-10。

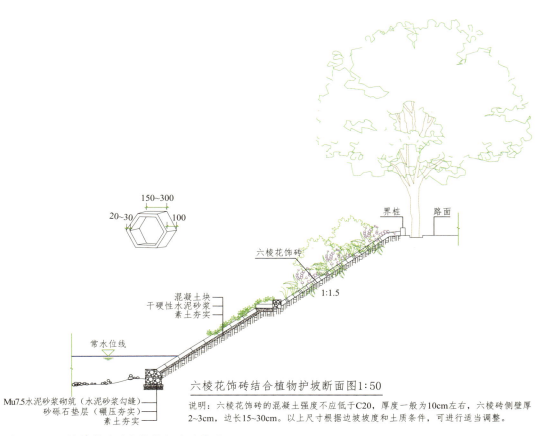

图4-10 六棱花式砖结合植物护坡设计图

凉水河（丽泽路段）　　　　　　　凉水河（北京西站暗涵出口段）

图4-11　六棱花式砖结合植物护坡应用实例

（3）适用范围：适用于梯形、复式断面平原排水和风景观赏河道常水位以上坡面，土质和土石混合坡面，适用于坡比1：2.5～1：1.25的坡面。

（4）典型实例：凉水河（图4-11）。

4.2.4　坡改平生态砖结合植物护坡

坡改平生态砖结合植物护坡是指在坡面铺设结构设计特别的"下面斜，上面平"的新型护坡砖，将坡面转换为若干小的水平面，在其内栽植灌、草和小乔木，从而实现整个坡面土体稳定，乔、灌、草综合护坡的一项新型护坡措施。坡改平生态砖将坡面转换为若干小的水平面，且容积大，降水、土壤更易于留存，易于植物的生长，可有效增加护坡体系的蓄水保墒能力。

通过调查发现，此项措施防护、景观效果好，后期管护成本低，水土不易流失，植物生长良好，护坡效果优于六棱花式砖，市内多数河道已开始使用此项措施，大有取代六棱花式砖的趋势。

（1）设计原则：护坡砖可以现场预制，砖体为正六边形空心结构，边长20cm，壁厚3cm，砖下部倾角应与所护坡面坡度相匹配，加阻滑齿，以保证其稳定性，齿深1～3cm；

植物以当地适宜的灌草为主，并可配置部分小乔木；坡脚应根据坡长设置趾墙，自下而上铺设护坡砖，相邻护坡砖挤紧，做到横、竖、斜线对齐；栽植乔灌后，将砖内土壤整平，使土壤上表面低于砖上沿3～4cm；再将草籽均匀撒播于砖内（每块砖内种子50～100粒），然后覆土2cm，轻轻拍压，砖内土壤上表面低于砖上沿1～2cm为宜；景观要求较高的河段可在砖内栽植宿根花卉、鸢尾、萱草、地被月季、地被菊等。

（2）措施设计：见图4-12。

（3）适用范围：适用于梯形或复式断面平原风景观赏和排水河道常水位以上的坡面；坡面较缓、水流较慢、水位较浅的平原河道常水位以下坡面；土质稳定边坡；坡比范围为1:3~1:1；坡度较陡坡面，施工不完善，土壤含水量较大时，常造成砖块滑落，不适宜用此措施。

（4）典型实例：凉水河（图4-13）。

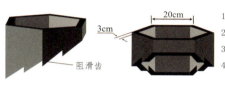

1. 砖外边长20cm，壁厚3cm；
2. 阻滑齿1~3cm；
3. 砖下部斜角应与坡度坡面相匹配；
4. 砖内种植土平面距砖上沿1~2cm。

坡改平生态砖结合植物护坡 1:30

图4-12 坡改平生态砖结合植物护坡设计图

凉水河红莲南路段

图4-13 坡改平生态砖结合植物护坡应用实例

4.2.5 三维网植灌草护坡

三维网植灌草护坡是指利用土工合成材料结合活性植物，对边坡进行加固的水土保持措施。根据边坡坡度、土质和区域气候特点，在边坡表面覆盖一层土工合成材料，并按一定的配比播种组合植物种，在坡面形成致密的植被覆盖，以达到抑制径流对坡面的冲刷，减少坡面水土流失的目的。有研究表明，它能够抵御6m/s的短期流速，对历时2d的水流，也能经受4m/s的流速，并能使流速显著降低。

（1）设计原则：选择适宜强度的三维网土工合成材料；依据土壤条件和气候特点，选择耐旱、耐寒、耐贫瘠、耐涝、根系发达的植物品种；应选在雨季前3个月施工完毕，以保证雨季来临时，植被已经形成比较完整的覆盖，实现有效防护。

（2）措施设计：见图4-14。

（3）适用范围：适用于坡比1∶1~1∶1.5的平原河道梯形、复式断面。常水位以上稳定土质坡面；不能用于土石、石质边坡。

（4）典型实例：小月河（图4-15）。

4.2.6 生态植被毯结合植物护坡

生态植被毯护坡是利用人工复合加工的防护毯结合灌草种子进行坡面防护和植被恢复的技术。生态植被毯利用稻草、麦秸、麻等植物纤维作为原材料，依据特定的生产工艺制成，结构分上网、植物纤维层、种子层、木浆纸层（无纺布层）、下网五层，同时在网内加入肥料、保水剂等材料，为植物种子出苗、后期生长提供了良好的基础条件，大大减少了后期的养护管理工作量。在坡面铺设生态植被毯能够

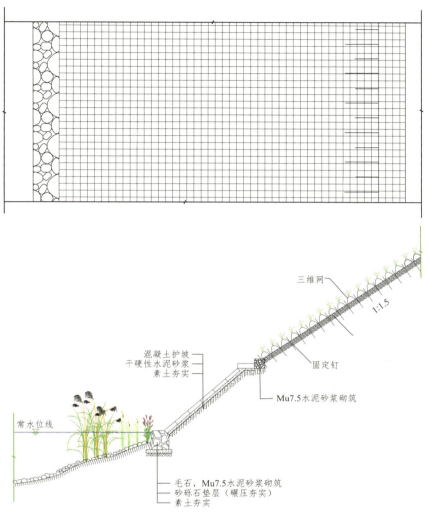

三维网植灌草护坡断面图1:50

图4-14 三维网植灌草护坡设计图

小月河（中国农业大学东校区段）

图4-15 三维网植灌草护坡应用实例

固定土壤，提高地面粗糙度，减少坡面径流量，减缓径流速度，缓解雨水对坡面表土的冲刷，且生态植被毯能够生物降解、无污染，可保水保墒，建植简易、快捷，维护管理粗放，养护管理成本低廉。

（1）设计原则：依据坡面坡度、坡长、土壤条件等选择适宜长度、宽度的植被毯；依据立地条件，选择耐旱、耐寒、耐贫瘠、耐涝、根系发达的植物种子；坡长大于20m时，需进行分级处理；生态植被毯须与坡面充分接触并用U形铁钉或木桩固定。

（2）措施设计：见图4-16。

（3）适用范围：适用于平原风景观赏、排水河道常水位以上稳定土质边坡，坡度宜在1∶1，一般不超过1∶1.5；在干旱、半干旱地区应用时，需保证初期养护用水的持续供给。

（4）典型实例：凉水河人民渠段（图4-17）。

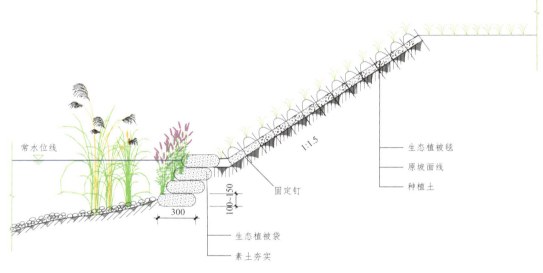

生态植被毯结合植物护坡断面图1:50

图4-16 生态植被毯结合植物护坡设计图

施工中

防护效果

图4-17 生态植被毯结合植物护坡应用实例

4.2.7 木桩枝条联排结合植物护坡

木桩枝条联排结合植物护坡是比较常见的一项水土保持坡面防护措施,北京市河道边坡也有应用。因枝条间孔隙很多,可不阻断坡面雨水、浅层地下水的流路,故可确保有效水循环。通常做法是将末端直径约9cm的桩木以0.6~1.0m间隔打下,用枝条编成栅栏,在其背后用柳条捆作竖捆并排好,再在其后面填入土、砂。

(1)设计原则:桩木尽可能选用结实的松圆木,为防止被洪水冲走,桩的埋深要充分;尽量使用易于繁殖的该河道周边生长的柳树枝做竖捆。

(2)措施设计:见图4-18。

(3)适用范围:适合用在土压力不太大,不需要高强度防护的平原城镇梯形、复式断面河道常水位以上坡面;也可在水流为缓且水深不超过1.0m的常水位以下坡面的坡脚上打上2~3排使用;也可用于地下水位高或冒水的地方,利用枝条做冒水处理;桩木的耐用年限一般为2~6年,故此措施适合于将柳树作为护坡材料的地方。

(4)典型实例:北运河(图4-19)。

4.2.8 台阶式种植槽结合植物护岸

将坡面改造成一种阶梯式种植槽,每级种植槽都与地面垂直,种植槽可用砖砌或混凝土砌筑,槽内栽植乔、灌、草、花等进行综合防

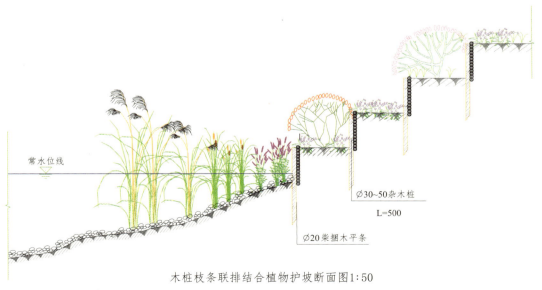

木桩枝条联排结合植物护坡断面图1:50

图4-18 木桩枝条联排结合植物护坡设计图

北运河（通州滨河森林公园段）

图4-19 木桩枝条联排结合植物护坡应用实例

护。是将坡面转换为若干水平面，从而实现整个坡面土体的稳定，并能实现坡面生态绿化的一项新型护坡技术。由于种植槽容积大、深度深，坡面土壤易于留存，更易于栽植乔、灌木，从而实现坡面土体稳定、生态绿化美化的目的。

（1）**设计原则**：种植槽材质依据土壤及坡面稳定性而定；每级种植槽高度应依据坡面稳定性、景观性及拟栽植的植物设计；种植槽内植物宜选择景观性较好、耐旱、根系发达的品种；槽内不宜栽植高大浅根类乔木，可选择常绿针叶类。

（2）**措施设计**：见图4-20。

（3）**适用范围**：适合于用地紧张的平原复式断面河道。

（4）**典型实例**：清河、坝河（图4-21）。

4.2.9 乔灌草生态护坡

乔灌草生态护坡技术是指在河道常水位以上坡面栽植固土能力强的草本、灌木、乔木等一系列护坡植物，共同构成完善的生态护坡系统，既能有效地控制水土流失，又能美化河道景观。在河道缓坡地带种植乔、灌、草，形成稳定的生态缓冲过滤带，洪水经过缓冲过滤带带时，在植被带的阻滞作用下，流速大为减慢，减少了水流对土表的冲刷，减少了土壤流失。其作用主要体现在三个方面：一是茎、叶的覆盖和栅栏作用，既避免雨滴、风力对土壤表面的直接侵蚀，又减缓了河水的流速，减少了对土壤的冲刷，增加了淤泥的沉积量；二是树木根系发达，穿扎力强，提升了土壤抗侵蚀的机械强度，减少了河岸的坍塌量和冲刷量；三是根、茎、叶的生长对土壤具有改良作用，增加了土壤中有机质的含量，改善了土壤结构，增强了土壤持水性和抗

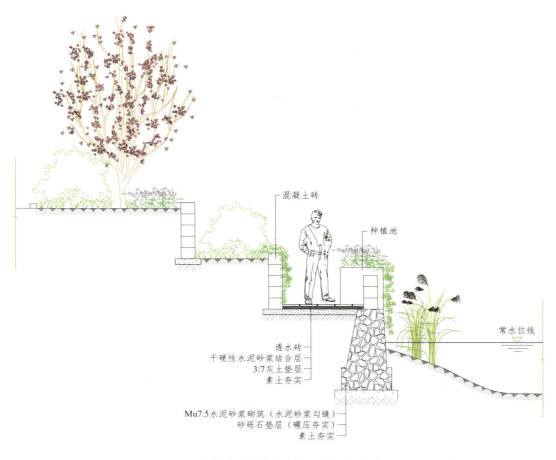

台阶式种植槽结合植物护岸断面图1:30

图4-20 台阶式种植槽结合植物护岸设计图

清河（红山桥段）

坝河（东直门段）

图4-21 台阶式种植槽结合植物护岸应用实例

侵蚀能力。河道生态防护植被带既可保持水土起到固土护坡的作用，又提高了河岸土壤肥力，改善了生态环境。

（1）设计原则：依据河道所处地域、功能、坡长、坡度等进行设计；植物应尽量选用乡土植物，注意种间共生关系，同时必须特别注意植物管理的可行性和管理成本；与非植物天然材料配合使用时，要注意非植物材料对植物生长的影响；对景观性要求不高的河段，可利用园林绿化美化植物与当地野生花草综合配置，但应注意其与野生植物的相融性；应考虑植物生长与护坡效果的关系，使植被尽快形成地表和根系的水土保持护坡功能，若施工当年植被还未形成保护体系，易被雨冲刷形成深沟，影响护坡效果。

（2）**措施设计**：见图4-22。

（3）**适用范围**：适用于坡度较缓、坡面较长的城镇排水、风景观赏、郊野段等对景观性要求较高的河道常水位以上坡面；河幅宽阔、自然式或近自然式断面、坡度较缓、坡面较稳定、侵蚀不严重的山区、平原郊野段河道以及水库库滨带。

（4）**典型实例**：清河、凉水河、西峰寺沟、妫水河、小中河（图4-23）。

图4-22 乔灌草生态护坡设计图

乔灌草生态护坡断面图1:40

清河（清河奥体公园段）

凉水河（亦庄地铁段）

凉水河（南顶路段）

小中河

西峰寺沟

妫水河（妫水河森林公园段）

图4-23 乔灌草生态护坡应用实例

4.2.10 坡面汇排水措施

坡面径流一部分被坡面植被截留，下渗地表供植物生长利用，多余部分通过漫排的方式进入坡脚设置的汇流槽汇集，再通过坡面急流槽或出水口排入河道。

（1）设计原则：依据汇流大小设计汇流槽深度、宽度等；汇流槽不宜过宽，为不影响人行安全和防止污物进入河道，可在汇流槽上加盖雨水箅子；为美观起见，可设置成卵石铺砌的排水渗沟；汇流槽出

清河（清河南镇段）　　　　　　　　堡李沟

图4-24　坡面汇排水措施应用实例

水与其他排水设施需要衔接完善。

（2）**适用范围**：适用于平原复式断面河道常水位以上坡面。

（3）**典型实例**：清河、堡李沟（图4-24）。

4.2.11　防冲消能措施

坡面汇流是地表径流排向河道的主要方式之一。出水往往具有极大的冲蚀能量，因此在坡面出水口下方设置消能设施，减少出水对坡面和河床的冲刷是河道坡面水土保持的一项重要措施。消能设施的形态、材质等不仅影响排水的效果，还对防止水流冲刷坡面产生水蚀有重要的影响。

通过调查，北京市河道出水口消能设施多为混凝土和浆砌石等材质，对有景观要求的河道多在出水口周边砌筑景石，覆土栽植植物绿化美化。

（1）**设计原则**：依据设计规范及出水大小、流速、冲刷能力等设计消能设施；在满足排水要求的情况下，消能设施的形式、材质等可根据景观要求进行调整。

（2）**措施设计**：见图4-25。

（3）**适用范围**：适用于排水、排洪河道。

（4）**典型实例**：北运河、凉水河、小月河、房山云居寺小流域（图4-26）。

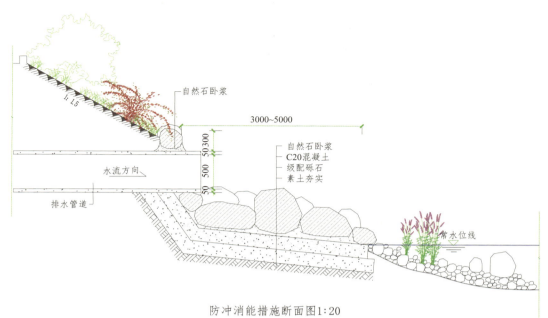

防冲消能措施断面图 1:20

图4-25 防冲消能措施设计图

北运河　　　　　　　　　凉水河（大红门段）

凉水河（南顶路段）　　　凉水河（菜户营南路段）

小月河（中国农业大学东校区段）　房山云居寺小流域

图4-26 防冲消能措施应用实例

4.3 常水位以下坡面水土保持措施

常水位以下坡面是水陆交错区域，是受水流直接冲刷的区域，因此做好其水土流失防护工程，减缓、减小水流的冲刷，是河道常水位以下坡面防护工程的意义所在。北京市河道常水位以下坡面的防护工程主要是各类石材、木材、仿木材料、砌块以及植物的综合应用。

4.3.1 箱笼挡土墙护岸

采用钢丝、铅丝、铁丝或聚合物编织成网格箱笼，内填装石块或砾石来修建挡土墙，实现岸坡的坡脚防护，这种护岸方式具有极好的柔性、透水性、耐用性和耐冲刷能力，多孔和粗糙的表面可为植物和水生动物提供附着生长条件和多样的栖息环境，箱笼上覆土后种植花草、灌木既能营造生态环境的多样性，又能提高坡面的稳定性，是比较广泛的常水位以下生态坡面防护形式。

北京市常用的箱笼结构有铁丝石笼、铅丝石笼、格栅石笼、土工植物石笼等，不同材料的石笼单独使用或几种材料石笼混合应用。

（1）**设计原则**：箱笼内填石料粒径和填充方式应符合规范要求和设计要求；箱笼挡土墙应后倾6°以上，基础应埋入深度30~50cm；箱笼内靠笼面四周应填充较大石块，用于稳固笼形，而中心部位可填充较小粒径石料或砾石石料；每退缩长度应依设计要求而定，一般50~100cm；箱笼挡土墙背面可铺设土工织物，以防止河岸土壤被淘刷；应优先选用当地的石料；箱笼网格间易挂、拦杂物，为不影响河道景观和排洪，有时需要人工清理杂物。

（2）**措施设计**：见图4-27。

（3）**适用范围**：适用于水位较高、冲蚀严重、流速较高的平原城镇、郊野及坡度较缓的山区河道；对于降雨量高、地下水位高的地

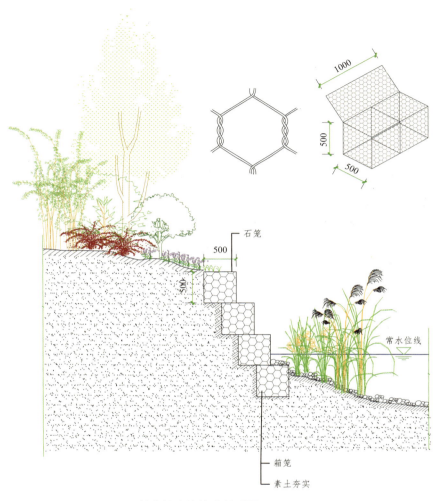

箱笼挡土墙护岸断面图1:20

说明：1. 箱笼规格：500mm×500mm。
　　　2. 箱笼倾斜角度：6°。

图4-27　箱笼挡土墙护岸设计图

区，其高渗透性有利于坡面土壤排水；坡脚土层有不均匀沉降时，可利用其柔性结构进行适当调节；其耐冻胀、融沉性好，适宜冬季温度较低地区；土壤为细沙等土壤时，不适于高速水流（流速4.5m/s以上）；箱笼挡土墙的构造体承受撞击力的能力较差，因此不适用于土石流较大的排洪河道或河床底质粒径较大的河道。

（4）**典型实例**：清河、坝河（图4-28）。

4.3.2　浆砌石挡土墙护岸

浆砌石挡土墙是常用的河道护岸护坡形式，具有就地取材的优势，并且具有抗冲刷能力强的特点。

（1）**设计原则**：土质较差时，底层基础可采用混凝土浇筑；土质一

石笼挡土墙清河（奥体公园段）

图4-28 箱笼挡土墙护岸应用实例

铁丝石笼挡土墙（坝河东坝河桥段）

般时，可采用大块石做基础；土质较好的坡面可采取铺设级配砂石做基础；无论采用何种基础，其底部承载力应足以支撑上层结构体，防止底部发生沉陷；墙体浆砌石和干砌石比例应根据环境和地质条件而定；设计高度和墙体宽度比例应合理；墙体迎水面外观应砌筑平整、美观。

（2）**措施设计**：见图4-29。

（3）**适用范围**：适用于暴雨、洪水频繁的山区、平原郊野河道；城镇两岸居民较多、安全性要求较高的河道采用此种形式既能节省两岸用地，又可减少移民搬迁，但应注意植被覆盖；生态环境较脆弱或生态恢复中的河道慎用此种形式。

（4）**典型实例**：小月河、丰草河（图4-30）。

4.3.3 干砌石挡土墙护岸

干砌石与浆砌石的砌筑方法相似，只是不用灰浆粘固，将其应用在河道坡脚防护具有极好的生态功能，且成本低、施工简便。由于石块间无灰浆粘固，具有极好的透水透气功能，且干砌石表面粗糙、多孔，能为植物的附着生长提供条件；砌石间的缝隙能为水生生物提供栖息环境，施工完成后不会对河道生境造成二次污染。

（1）**设计要求**：构造底层必须铺设碎石级配，以防止单颗砌石发生不均匀沉陷；单阶码跺高度应小于3m；底部承载力应足以支撑上部剁石结构体，防止底部发生大量沉陷；底部的干砌石应埋于河床线以下，埋入深度1m以上，以防冲蚀或被掏空；坡面较缓

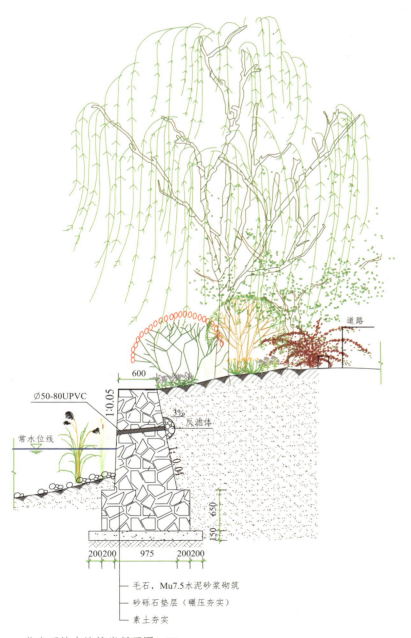

浆砌石挡土墙护岸断面图1:50

说明：1. 将10m设一道宽2cm的沉降缝。
2. 离地面30cm每隔5m设置∅50~80mm排水孔，排水孔排水比降为3%，排水孔进口处设反滤体。

图4-29 浆砌石挡土墙护岸设计图

小月河

丰草河

图4-30 浆砌石挡土墙护岸应用实例

（1.0∶2.5～1.0∶3.0）、受水流冲刷较轻，可采用单层或双层干砌块石护坡；坡面有涌水现象时，应在护坡层下铺设15cm以上厚度的碎石、粗砂或砂砾作为反滤层，封顶用平整块石砌护。

（2）**措施设计**：见图4-31。

（3）**适用范围**：适用于水位不高和冲刷相对较小、流速小于3m/s的平原城镇风景观赏河道和郊野对景观要求较高的中小河道；干砌石护坡的坡度，根据土体的结构性质而定，土质坚实的砌石坡度可陡些，反之则应缓些，一般坡度1∶2.5～1∶3，个别可为1∶2；对于河床弯曲段，特别是处在弯道的顶冲部位或易发生崩岸的地方应慎用此法。

（4）**典型实例**：坝河（图4-32）。

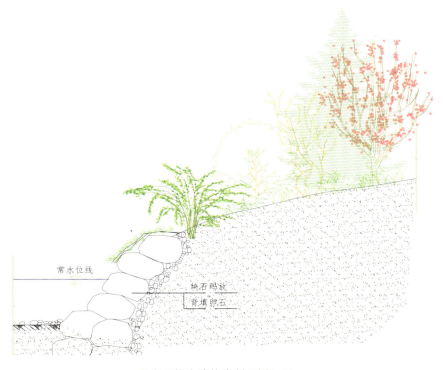

图4-31 干砌石挡土墙护岸设计图

干砌石挡土墙护岸断面图1∶30

坝河（东坝路段）

图4-32 干砌石挡土墙护岸应用实例

4.3.4 浆砌石护坡

浆砌石护坡是一种最为常见的河道护坡形式，抗冲刷能力强，主要材料为当地石料，施工简单，较为美观，施工完成后可有效降低坡面的水力侵蚀，防治水土流失。

（1）**设计原则**：坡面可能遭受水流冲刷，且洪水冲击力强的、坡度在1：1~1：2的防护地段，宜采用此措施，但不应大面积、全坡面护砌，应与其他柔性材料综合应用；面层铺砌厚度为25~35cm，单层垫层厚5~15cm，双层垫层厚20~25cm；原坡面如为砂、砾、卵石，可不设垫层；对长度较大的浆砌石护坡，应沿纵向每隔10~15m设置一道宽约2cm的伸缩缝，并用沥青或木条填塞。

（2）**适用范围**：适用于水流较大，对坡面冲刷较大的河道常水位以下坡面；跨河桥梁坡面防护亦可采用此措施；坡度不宜陡于1：0.75；不能大面积、全坡面护砌。

（3）**典型实例**：温榆河、丰草河（图4-33）。

4.3.5 预制混凝土块护坡

预制混凝土块作为铺砌河道水下岸坡的主要形式，被广泛地用于河湖边岸，以抵抗水流和风浪的冲刷。预制混凝土块也被用于河道和航道的重点防护区和局部范围，例如港口和引航道上。

（1）**设计原则**：在坡面可能遭受强烈洪水冲刷的陡坡段，采取混凝土（或钢筋混凝土）护坡，必要时需加锚固定；边坡介于1：1~1：0.5的、高度小于3m的坡面，用一般混凝土砌块护坡，砌块长宽各30~50cm；边坡陡于1：0.5的，用钢筋混凝土护坡；坡面有涌水现象时，用粗砂、碎石或砂砾等设置反滤层；涌水量较大时，修筑

温榆河

丰草河

图4-33 浆砌石护坡应用实例

小月河（中国农业大学东校区段）　　　凉水河（红莲南路段）

图4-34　预制混凝土块护坡应用实例

盲沟排水，盲沟在涌水处下端水平设置，宽20~50cm，深20~40cm。

（2）适用范围：一般应用在急流且水流直冲或流速很大，使用木、石或石笼等工程不足以保护河岸，且覆土也不可能的排洪河道；坡面坡度不宜陡于1∶0.75；不能大面积、全坡面护砌。

（3）典型实例：小月河、凉水河（图4-34）。

4.3.6　生态砖挡土墙护岸

利用优质生态砖砌筑挡土墙，防止水流对坡脚的冲刷。生态砖空隙率高、透水性好，可利用空隙植草，为水生动物提供栖息空间，既能美化环境又能改善坡面的生态环境，同时生态砖允许河道中的河水向两岸自然渗透，可滋养两岸植被，提高河道的生物多样性。

（1）设计原则：根据坡度、土壤条件、河底基质、水流速度等选择适宜尺寸的生态砖，每级高度不能超过10m；根据项目区气候、土壤及周边植被等情况选配植物种类，尽量选用乡土灌草种或乔木；根据设计坡比从下至上码放砖块，码放过程中按照不同坡度要求将上下相邻两块砖体的相应孔眼对齐，采用钢钎连接固定，直至最上层砖块铺设完成；砖内种植土土层上表面略低于砖体表面1~2cm。

（2）措施设计：见图4-35。

（3）适用范围：适用于流速小于5m/s、坡比缓于1∶1的土质、土石质平原城镇、郊野河道；不能用于不稳定的坡面。

（4）典型实例：凉水河、转河（图4-36）。

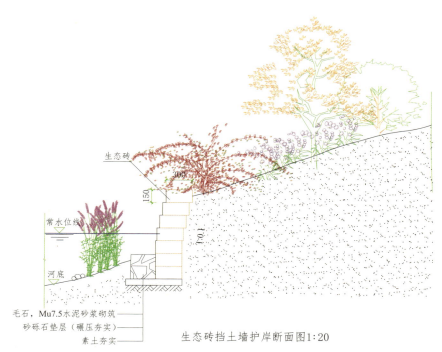

图4-35 生态砖挡土墙护岸设计图

凉水河（大红门段）

转河（文慧园斜街段）

图4-36 生态砖挡土墙护岸应用实例

4.3.7 鱼巢砖结合植物护岸

鱼巢砖护坡是利用3层鱼巢砖和数层多孔植物生长砖，砖与砖之间插筋连接砌筑的坡脚防护结构。鱼巢砖是一种V字形的砖，开口朝向河内，使得鱼类有栖息的场所。而植物生长砖中间的空隙由植物种子、土壤、肥料等配合而成的填充剂填充，可使植物根系得到充足的营养及水分，根系可顺利通过砖体表面扎到地下，加强护坡固土的能力。

通过调查，鱼巢砖护坡现已被广泛应用于河道坡脚防护，可砌筑一层，也可砌筑多层。

（1）**设计原则**：根据坡度、土壤条件、河底基质、水流速度等选择适宜尺寸的鱼巢砖，根据项目区气候、土壤及周边植被等情况选配植物种类，尽量选用乡土灌草种或乔木；根据设计坡比从下至上码放砖块，码放过程中按照不同坡度要求将上下相邻两块砖体的相应孔眼对齐，采用钢钎连接固定，直至最上层砖块铺设完成；砖内种植土土层上表面略低于砖体表面1~2cm。

（2）**措施设计**：图4-37。

（3）**适用范围**：适用于坡面、河底基质稳定，流速小于5m/s的平原城镇、郊野河道；适用于土质、土石质边坡，坡比缓于1:1的坡脚，每级边坡高度不超过10m；不适宜用于流速较大、水位较高的河道；不能用于坡面、河底基质不稳定的河道。

（4）**典型实例**：蟒牛河、永定河、北护城河（图4-38）。

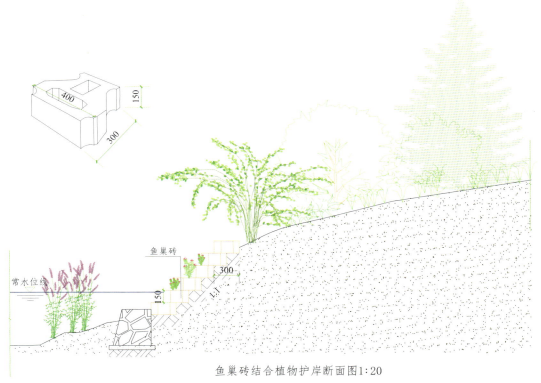

鱼巢砖结合植物护岸断面图1:20

图4-37 鱼巢砖结合植物护岸设计图

4.3.8 仿木桩结合植物护岸

仿木桩护坡是在坡脚处按一定等高距设置钢筋混凝土浇筑基础和柱状结构，对主体结构面拉毛处理后，涂刷SPC界面剂，再用彩色水

蜉牛河

永定河（军饷段）

北护城河（安定门段）

图4-38 鱼巢砖结合植物护岸应用实例

泥进行装饰处理，制作出树皮、树节、年轮、裂缝、脱落等仿真效果。在仿木桩和坡面回填土之间填充卵石和土工布作为返滤层，栽植植物，构建结构稳定的植物群落，是依靠仿木桩及植物根系进行综合固土护坡的技术措施。该技术固土护坡效果显著、景观层次自然生态、植物绿化效果良好。

（1）**设计原则**：无论边岸防护要求如何，首先应重视挡土墙的设计合理性，仿木桩只是起到辅助作用；不要过分追求景观装饰而忽略防护功能；仿木桩的体量、高低和色彩要与边岸环境相协调；桩与桩之间可密排，也可适当留有间隙，间隙一般≤20mm；仿木桩埋深依坡度、土质而定；排桩以上坡面乔、灌、草选用适应当地立地条件、抗性强、景观性好的品种。

（2）**措施设计**：见图4-39。

（3）**适用范围**：多应用在城镇风景观赏河道、景观河湖、池塘小水面、公园水系的驳岸；适用于既要求防护又要求环境装饰的平原郊野河道景观护岸；也可用于排洪河道经过城镇的河段，作为护岸景观的点缀。

（4）**典型实例**：清河、转河、永定河（图4-40）。

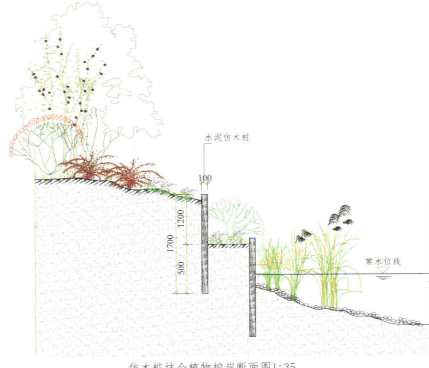

图4-39 仿木桩结合植物护岸设计图

仿木桩结合植物护岸断面图1:35

清河（奥体公园段）

转河（高梁桥斜街段）

永定河（王平段）

清河

图4-40 仿木桩结合植物护岸应用实例

4.3.9 扦插柳条护岸

生长在岸边的矮干柳树群体，其密集发达的根系可将土壤牢固地按压住，洪水时可保护河道坡脚免遭冲刷，同时其枝、干在洪水时可阻逆水流而不倒伏，从而降低近岸的流速，降低水流的冲刷能力。另外，繁茂的柳群可为鱼类、鸟类和昆虫栖息繁衍提供场所，提高河道生物多样性。

（1）设计原则：尽可能采用当地河道四周自然生长的柳树品种，因为柳树一旦扎根牢固，则品种变迁要很长时间，考虑到给其他生物造成的影响，应极力避免移植；扦插工作最好在柳树休眠期（秋—冬）进行，若在其生长期（春—夏）插条，由于地上部分生长快、根系生长慢，有供水跟不上地上部分生长而枯死的可能；柳树虽耐水淹，但一年中大部分时间泡在水里则多死亡，因此要考虑水位变化对柳树的影响；柳树的根不能伸进不含氧气的土壤层，若无氧气层存在或地表下不深的地方，根将不发达，洪水很易"搜根"拔掉，故拟进行柳树插条的地方有必要提前调查土壤含氧状况。

（2）措施设计：见图4-41。

（3）适用范围：适用于缓流部和河流凹部等不易受冲刷的地方；柳树适合生长在高出平均水位0.3~2m的地方，一般认为3m是上限，

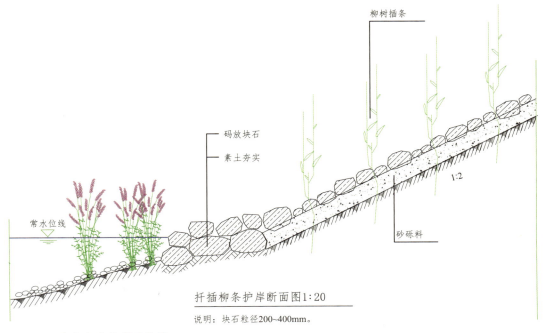

扦插柳条护岸断面图1:20

说明：块石粒径200~400mm。

图4-41 扦插柳条护岸设计图

凉水河

图4-42 扦插柳条护岸应用实例

此外，常年泡水根将腐烂；一般说来，柳树适于细沙土壤到砾石构成土壤，故要选择适合当地土壤之品种；不宜设在水流直冲部；扦插基质为砂砾或卵石构成者，柳条不易插入，不适于应用此工程。

（4）典型实例：凉水河（图4-42）。

4.3.10 土工生态袋结合植物护岸

土工生态袋护岸是采用内附种子层的土工材料袋，以不同的形式码放，起到拦挡防护、恢复植被作用，防止水流对坡脚冲刷和淘蚀，达到防止水土流失的目的。该技术稳定岸坡的效果较好，具有透水不透土的过滤功能，又能实现水分在土壤中的正常交流。

（1）设计原则：采用适合绿化植物的营养土壤；常水位以下，生态袋装填砂土、中粗砂：黏土=8：2，常水位以上填充砂性土；根据绿化要求、现场情况确定有机肥的种类和掺入量；底层生态袋内需填充10~25mm碎石；常水位以下袋内植物要选择耐水淹、根系发达的品种，常水位以上植物选择耐旱、耐寒、自繁能力强的品种。

（2）措施设计：见图4-43。

（3）适用范围：适用于平原城镇、郊野水流较缓的河道、公园水系和山区小流域沟道边坡；特别适宜土层较薄、缺少植物生长所需土壤的石质、土石坡面或坡脚；适用坡比范围为1：1.5~1：0.5，坡面太长时需要进行分级处理，每级坡面高度根据坡体实际情况而定。

（4）典型实例：永定河（图4-44）。

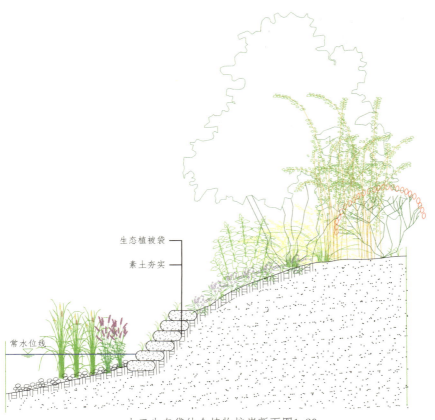

图4-43 土工生态袋结合植物护岸设计图

土工生态袋结合植物护岸断面图1:20

说明：植被袋宽约300mm。

水闸新桥段

韭园段

图4-44 土工生态袋结合植物护岸应用实例

4.3.11 叠石结合植物护岸

叠石是中国传统的造园手法，作为造景的重要手法很早就被运用于凿池筑岸护坡固土，成为最悠久的石筑挡土墙垂直护岸形式之一。这种结构既能满足抗冲蚀的防护要求，又能起到造景作用，有利益于水体与岸坡的交流，可避免完全阻隔，而且叠石的挑、飘、洞、眼、担、悬等手法形成的大量空洞，为水生动植物提供了天然的繁殖栖息地。

（1）设计原则：叠石的负荷较大，设计时应对基础进行专门计算，保证挡土墙底部基础的承载力足以支撑结构及上方的叠石，防止底部发生大量沉陷；叠石的摆放、砌筑要做到稳固牢靠，避免因石块不牢靠而引起游人跌水事故；植物的选择要依据水深、水质和造景要求等选择适宜的水生或攀缘植物种类；避免大面积单独运用。

（2）措施设计：见图4-45。

（3）适用范围：多用于对景观性要求较高的城镇、郊野风景观赏河道和公园、景园水系边岸防护。

（4）典型实例：转河、玉渊潭公园（图4-46）。

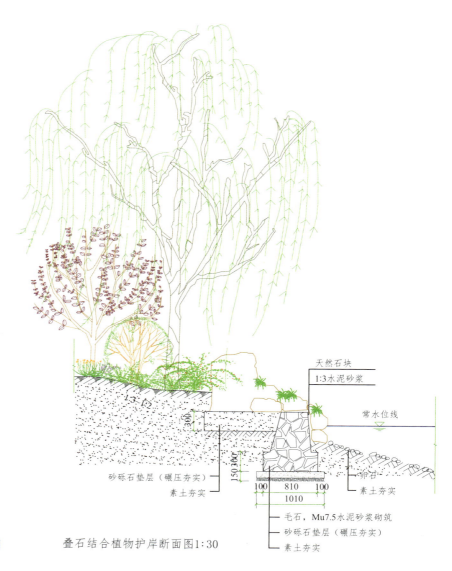

图4-45 叠石结合植物护岸设计图

叠石结合植物护岸断面图1:30

转河(高粱桥斜街段)

玉渊潭公园

图4-46 叠石结合植物护岸应用实例

4.3.12 置石结合植物护岸

置石结合植物护岸是在坡脚处浇筑基础，再在其上进行山石、块石、黄石等堆砌和码放，用碎石和土壤填充石与石之间的缝隙，栽植耐水湿的植物，在抗冲蚀的同时营造景观，并使土体与水气互相交换和循环。

（1）设计原则：设计时应对基础进行专门计算，保证底部基础的承载力足以支撑结构及上方的石块，防止底部发生大量沉陷；石块的摆放、砌筑要做到稳固牢靠，避免因石块不牢靠而引起游人跌水事故；依据水深、水质、植物茎秆高度等选择合适的水生植物种类；避免大面积、单独运用或砌筑过高。

（2）措施设计：见图4-47。

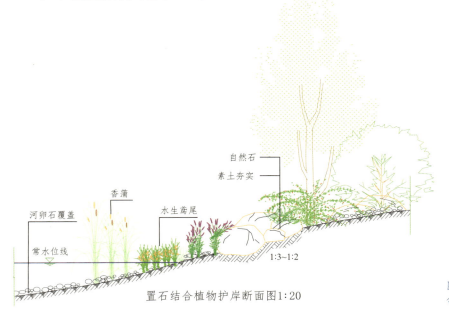

置石结合植物护岸断面图1:20

图4-47 置石结合植物护岸设计图

转河（高粱桥斜街段）　　　　　　　　　菜食河（四海镇段）

图4-48　置石结合植物护岸应用实例

（3）适用范围：多用于平原城镇风景观赏河道和公园、景园水系的边岸防护；也可用于平原郊野对景观性要求较高的湿地、河道、公园水系等。

（4）典型实例：转河、菜食河（图4-48）。

4.3.13　抛石结合植物护岸

抛石护坡是传统的护岸手法，是将卵石、块石等按一定级配与层次堆积散铺于斜坡式岸边，减缓水流和水浪对河湖边岸的直接冲刷；石块间的缝隙可成为植物生长，鱼类等水生动物栖息、繁衍的场所。

（1）设计原则：坡度应缓于1∶1.5；底部应嵌入冲蚀线以下；抛石下方可视实际土质条件铺设过滤垫层，以防止基础土层的细粒被冲刷流失，以及抛石定位后产生大量沉陷；抛石过滤层一般采用碎石级配料或土工织物，也可两者同时采用；抛石表层尺寸应大于D_{min}，其最小直径要求与流速关系见表4-1；抛石层底部必须延伸至水际线以下，且将石层嵌入河床土壤中，并需要增加抛石厚度以增强抗水流冲刷和侵蚀的能力。

表4-1　单粒抛石最小直径要求与流速关系表

流速V（m/s）	直径Dmin（cm）	说明
<1.0	5	Dmin<16cm的卵石，适宜于水流较缓、冲刷力较小的河岸；Dmin>16cm的卵石，适用于水流相对较高、冲刷较重的河岸
1.0	5	
2.0	16	
3.0	36	

（2）措施设计：见图4-49。

（3）适用范围：适用于城镇公园水系、平原郊野对抗洪要求不高，却有生态、景观要求的河道；适用于低流速（≤3m/s），冲蚀小和水较浅的河岸；较多用于河床坡度较缓，河岸相对广阔的河道；最适用于当地有丰富石材资源的地方；河湖边岸较陡，水流较大、水体较深的河道坡脚不宜使用此种方法。

（4）典型实例：妫水河、永定河（图4-50）。

抛石结合植物护岸断面图1:30

图4-49 抛石结合植物护岸设计图

妫水河（幽径园段）

清水河

图4-50 抛石结合植物护岸应用实例

4.3.14 坡脚种植槽结合植物护岸

对受地域限制的河道，在治理过程中不拆除河道原挡墙，只在现状基础上对其进行加固、改造，在水位变动幅度范围内构建分级挡墙，利用新建挡墙与原挡墙间形成分级防护挡墙，构建河道复合断面，挡墙间形成一定宽度的种植槽，可通过在其内栽植水生植物绿化美化，净化水体。

（1）设计原则：种植槽内回填填料尽量采用河道清理淤泥和岸坡整理土方，实现资源化就地利用，减少外弃；同时需要满足水生植物种植要求；植物应选择耐水淹、水湿的种类，具备水质净化功能和景观价值，依据种植槽宽度、深度选择适宜的植物种类，注意多种植物综合应用，避免单调。

（2）措施设计：见图4-51。

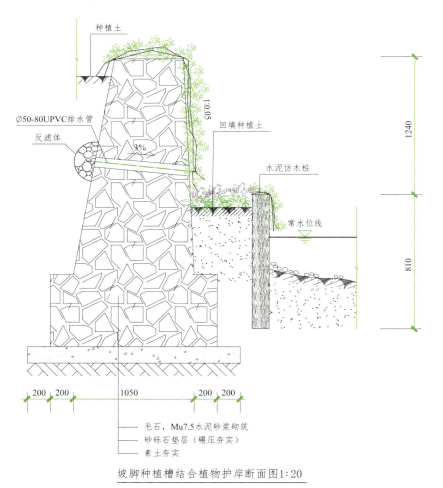

图4-51 坡脚种植槽结合植物护岸设计图

转河仿木桩种植槽（与北护城河相交段）

转河混凝土种植槽（与北护城河相交段）

北护城河种植槽栽植植物绿化美化

北护城河坡脚种植槽

图4-52　坡脚种植槽结合植物护岸应用实例

（3）适用范围：适用于受各种条件限制，不能拆除硬性挡土墙，只能在现状基础上对其进行改造、加固的平原城镇段排水、风景观赏河道。依据此次调查，此类措施多用于平原城镇段复式断面和矩形断面城市风景观赏河道。

（4）典型实例：在直墙坡脚砌筑种植槽，内填客土，栽植水生植物和花灌木，改变传统砌石、混凝土等直立挡土墙护砌生硬、呆板的形象，使两岸直坡变成"绿坡"，是一项较新颖的生态防护措施。如转河、北护城河（图4-52）。

4.3.15　水生植物护岸

指将水生植物栽于水陆交界之处，一是利用水生植物浓密的茎叶消除水浪，使主流集中在河道横断面的中部，避免或减弱水浪对岸坡的冲刷，有利于堤防的稳定和安全；二是利用水生植物发达的根系的较强扭结力，发挥固土的作用，防止水流对坡脚的淘蚀，减少土壤流失。

通过调查，北京市常用固脚水生植物主要为挺水植物，常见品种及习性见表4-2。

表4-2 坡脚防护常用挺水植物

植物名	适宜土壤	适宜水深（cm）	适宜水质	适应流速	备注
黄鸢尾	黏土粉砂	中深，最大60	清洁	低速~中速	
红蓼	砂土	10~20	中等清洁	中速	
千屈菜	砂土	＜15	清洁	低速	水陆两植
灯芯草	黏土粉砂	10~20	中等清洁~清洁	低速~快速	
香蒲	黏土粉砂	30~40	清洁	低速	
菖蒲	黏土粉砂	20~40	清洁	低速	
芦苇	砂土	＜10	清洁	极低	不宜水深
蒲苇	黏土粉砂	深水	中等清洁	低速	
水葱	黏土粉砂	30	中等清洁	中速	
水毛花	砂土	10~20	清洁	低速	

（1）**设计原则**：根据水深、水流速度、水质、土壤条件等选择适宜的品种；选择根系发达、固土能力强的植物品种；根据景观要求选择合适的植物；水生植物的抗冲刷和耐淘蚀能力一般，有的使用寿命短，因此要多种植物综合运用；有通航要求的河道、公园水系应考虑行船激浪对植物寿命的影响。

（2）**措施设计**：见图4-53。

图4-53 水生植物护岸设计图

水生植物护岸断面图1:50

（3）适用范围：适用于水流较缓慢、坡度平缓的城市风景观赏河道或公园水系和郊区对景观要求较高的中小河道；有通航要求的河道、公园水系应慎用此措施。

（4）典型实例：清河（图4-54）。

清河

温榆河

图4-54 水生植物护岸应用实例

4.4 河床水土保持措施

河床是经常遭受流水冲刷的部位,因此做好河床的水土保持工作,减少泥沙淤积下游,抬高、加固下游河床显得极为重要。北京市河床水土保持措施主要有石笼沉排护底、置石结合植物护底、浅滩与河心洲植被恢复、栽植水生植物和生物浮床、河床减防渗等。

4.4.1 石笼沉排护底

石笼沉排使用的是一种较薄、较柔软的石笼,典型尺寸为6m×2m,厚度3000mm左右。由于块石的间隙增多,块石凹凸不平的表面可起到分解破浪、减缓流速和降低冲击强度的作用,同时沉排上面可覆土撒播草籽或扦插柳条等耐水淹的植物,过水后一段时间植物生长,可达到保护河床的目的。

(1)**设计原则**:河底为淤泥质土、细沙等土壤时,沉排底部必须铺一层15cm厚的级配砂以作反滤或者铺一层反滤材料;沉排内填石料粒径和填充方式应符合规范要求和设计要求;沉排底部可铺设土工织物,以防止河岸土壤被淘刷;应优先选用当地的石料;沉排上面覆土以当地表土为佳;植物以耐水湿的乡土植物为佳。

(2)**措施设计**:见图4-56。

(3)**适用范围**:适用于河幅宽阔、坡度较缓、水位较低的山区、平原郊野排洪河道,特别是寒区河道;城镇跨河桥、拦水坝、橡胶坝下游河床防护亦可采用此措施;适宜用在万一发生大的位移仍必须维持护岸的整体性的地方;适合用在卵石可取之处,卵石的大小要适度,卵石过大,洪水时因其滚动撞击,铁丝有断开的危险,磨损剧烈,影响耐用性;河底土壤为游泥质土、细沙等土壤时,不适于用于高速水流(流速4.5m/s以上)。

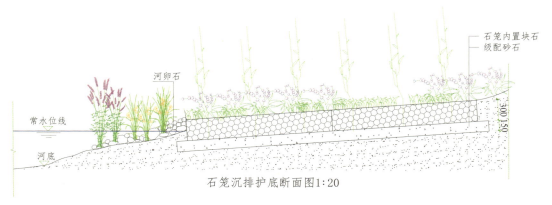

图4-55 石笼沉排护底设计图

图4-56 石笼沉排护底应用实例

（4）**典型实例**：永定河（图4-56）。

4.4.2 浅滩植被修复

浅滩植被修复是指利用河道主槽疏挖的土石方堆积于主槽两旁形成人工浅滩或直接利用水流冲蚀河底基质堆积形成的浅滩，在其上覆土撒播草籽或栽植耐水湿的植物，使裸露河床恢复植被的水土保持措施。浅滩植被既能阻滞泥沙、净化水体，又能为不同水生生物提供食物和栖息场所，有利于形成稳固的河床防护植被带。

（1）**设计原则**：人工再塑浅滩不能过高；尽量利用河道内原有植被，如无景观要求，尽可能选择繁殖快、覆盖率高的野生植物；植被要耐水淹、耐水冲刷且根系发达，固土能力强。

（2）**适用范围**：适用于河幅宽阔、水流较小、水位较浅的平原城镇、郊野排水、排洪河道；不适用于有航行要求、水流较急、水位较深的河道。

（3）**典型实例**：凉水河、沟河、白河（图4-57）。

凉水河（大红门段）

洵河（北张岱段）

白河（黑龙潭段）

图4-57 浅滩植被恢复应用实例

4.4.3 生物浮床

生物浮床，又称人工浮岛、生物浮岛，是利用有机或合成材料作为植物生长的载体漂浮于水面上，形成生物群落，改善水质、水域局部生态环境。

通过这次调查，北京市常用的植物品种有千屈菜、鸢尾、伞草、美人蕉、牛筋草、香蒲、芦苇等。

（1）**设计原则**：依据水流流速等，选择适宜的载体；选择适宜北京水质条件生长、根系发达、根茎分蘖繁殖能力强、生长快、生长量大的水生植物品种；选择植株优良，具有一定的观赏性的品种；根据水深选择合适的品种；多种水生植物综合配置，避免品种单一，防护效果有限。

（2）**适用范围**：适用于水质较差、水流较缓的城镇风景观赏河道。

（3）**典型实例**：石景山区南马厂水库（图4-58）。

4.4.4 水生植物

在河床内栽植适量的植被（主要为耐水淹的水生植物）在改善水质的同时，利用植物的茎叶减缓流速、阻滞泥沙、缓解水流对河底的冲刷，一定程度上降低了河床的水土流失，同时还改善了水质，美化了河道。

石景山区南马厂水库

图4-58 生物浮床应用实例

通过此次调查，平原城镇风景观赏、平原郊野对景观要求高的中小河道常选用观赏性高的荷花、睡莲、千屈菜、荇菜、浮萍等；平原郊野无景观要求的河道多选用芦苇、伞草、水葱等。

（1）设计原则：选择根系发达，抗水流的水生植物品种；选择生长快速、茎叶强健、分蘖高、覆盖能力强、对污染物的过滤效果好，可以在短时间内达到绿化效果的品种；选择耐水浸泡、耐寒、耐贫瘠、少病虫害、适应性强、粗放管理的品种；根据河道流经区域人居情况选择植物；因受水位限制，许多植物只能在一定深度水域内生长，因此应根据河流水深选择适宜的种类。

（2）适用范围：适用于水流较缓、水较浅的城市风景观赏河道，也适用于对景观要求较高的郊区水流较缓的河道。

（3）典型实例：清水河、怀沙河、中坝河、怀九河（图4-59）。

4.4.5 置石结合植物护底

将河道治理中清理出来的大石块重新散置于河床内，石块周围可栽植水生植物，利用石块及植物的茎叶减缓水流和消能，缓和水流冲蚀，同时为水生动物提供栖息和繁衍场所，增加流域河况的生

怀沙河

中坝河

清水河（斋堂段）

怀九河

图4-59 水生植物措施应用实例

图4-60 置石结合植物护底设计图

态多样性。

（1）**设计原则**：尽量就地取材，利用河道内原有石块；避免集中堆砌；根据水流流速及上游流水量选择大小合适的石块；所用石块不能选用统一规格，石块之间间距不能相等；根据自然环境及水深选择根系发达、耐水淹、耐寒、耐贫瘠、不易倒伏的水生植物。

（2）**措施设计**：见图4-60。

（3）**适用范围**：多用于水流平缓、水位低，对景观要求较高的山区、平原郊野河道；也可用于水流较浅、较缓的城镇风景观赏河道；不适用于水流湍急、水位较高、河床坡度较陡、河底基质不稳固的河道。

（4）**典型实例**：永定河（图4-61）。

4.4.6 河心洲植被恢复

将河道主槽疏挖的土石方堆积于河道中央或就势利用河床内较高部分，在其上覆土撒播草籽或栽植植物进行植被恢复。河心洲植被既能阻滞泥沙，又能改变水流方向，减缓流速，降低水流对下游河床的冲刷，还能营造景观。通过调查，北京市河道河心洲多栽植柳树、芦苇、水葱、香蒲、伞草等进行固土和植被恢复。

（1）**设计原则**：尽量就地取材，利用河道内原有石块、地势等；植物选择应结合当地气候特点、水流状况及景观要求；水流流速较快的河道河心洲坡脚可采用铅丝石笼、土工植物石笼等透水防护材料。

（2）**适用范围**：适用于河幅较宽阔、水流较缓、水位较浅、无通航要求的平原城镇、郊野河道。

（3）**典型实例**：永定河（图4-62）。

永定河（下马岭段）

图4-61 置石结合植物护底应用实例

永定河（雁翅段）

永定河（太子墓段）

图4-62 河心洲植被恢复应用实例

4.4.7 河床减防渗措施

北京市是我国严重缺水的城市之一，部分河流水量很小，甚至干涸，难以满足河流生态建设的需求，因此对河道进行减防渗处理是河道建设项目中必不可少的关键环节，也是防止河道水土流失的一项重要举措，减防渗技术的合理应用能使有限的水资源得到充分利用。常用的减防渗技术有硬化处理、复合土工膜减渗、复合土生态减渗（掺混料生态减渗）、膨润土防水毯减渗、黏土减渗等，各项措施的优劣见表4-3。

表4-3 各减渗技术对比

减渗措施	特点	优点	缺点
硬化处理防渗	采用硬质护砌方式防渗。	减渗效果好，抗冲刷能力强。	生态效果差，有损河道水与地下水的联系，破坏了自然生态系统。
复合土工膜防渗	采用复合土工膜作为防渗层，防渗结构由无纺布+土工膜+无纺布组成，回填砂石混料形成保护层。土工膜防渗的基材防渗系数可达（1.0×10^{-11} ~ 1.0×10^{-13}）cm/s。	防渗效果好，且当湖区水头较高时，与复合土生态减渗方案相比，无减渗层土体颗粒流失、减渗层土体被破坏的可能，适用于湖泊中部深水区底部防渗。同时，由于其渗透系数小，适用于水质净化的人工湿地的底部防渗，可防止再生水下渗进入地下含水层污染地下水，减轻对地下水环境的影响。	土工膜为非天然材质，隔绝了河道地上地下的连通性，且土工膜较脆弱容易损坏，适应地形变化的能力弱，因此不宜用在河（沟）道、湖泊浅水区、种植区等需要种植、扦插水生植物的区域、岸坡等地形变化起伏处及需设亲水平台、栈桥的港湾区。
复合土生态减渗（掺混料生态减渗）	采用掺混料复合土作减渗层，在减渗层上面回填开挖出的砂砾料，压实形成保护层；掺混料减渗层的主要材料为粒径小于5cm的河床砂砾料、土料和膨润土，通过控制混料的配比和碾压密实度，可控制渗透系数在（1.0×10^{-5} ~ 5.0×10^{-7}）cm/s。	减渗效果良好，有一定抗冲性，就地取材天然生态，造价低，能充分利用当地河床基质，与天然河道浑然一体。	当湖区水头较高时，减渗层土体颗粒在垂直水头压力作用下，可能造成流土型渗透破坏，减渗层土体带入下部的卵砾石中，从而可能导致减渗层土体的破坏。另外，还需对现状河床质及减渗原料土进行详细的试验分析，控制其级配，且施工需现场碾压压实，压实密度对减渗层渗透系数影响明显，施工工艺较为复杂，施工减渗效果控制较难。
膨润土防水毯减渗	采用膨润土防水毯作为减渗层，减渗结构由素土夯实层+膨润土防水毯组成。减渗结构上覆保护层。防水毯的基材减渗系数可达（1.0×10^{-7} ~ 1.0×10^{-9}）cm/s。	减渗效果好，对自然生态系统的影响较硬化处理及土工膜减渗小，防水毯自身有一定的结构强度，不易受损坏，且受损后能自身修复，适应地形变化能力强等优点，适用于湖泊浅水区，岸坡，种植区及港湾区。	单位重量较大，施工不便；施工期间有地下水时无法施工。
黏土减渗	采用黏土作为减渗层。	减渗及生态效果良好，对水质无影响。	造价高，且受黏土资源限制，取土也易对当地生态环境造成破坏。

通过对比可以发现，硬化处理虽然减渗效果好，抗冲刷能力强，但有损河道水与地下水的联系，生态效果差，在倡导"生态治河"理念的今天，显然不适宜再采用此种技术（除特殊情况外），其余四种技术既可减渗，又有一定的生态性，但也有一定的局限性，可以说各有优劣，河道生态治理中可根据需要选择适宜的方式。

北京市河道生态治理中多采用较生态防渗技术。如，凉水河治理中将河底的水泥板衬砌全部拆除，模拟浅滩和河心洲，建造跌坎和橡胶坝等生态防渗技术；紫竹院公园使用天然黏土做减渗，不完全阻断地下水和地表水的交换；奥林匹克森林公园的人工湿地、人工湖以及"龙形水系"均采用钠基膨润土防水毯作防渗层；而水上公园则采用高密度聚乙烯（HDPE）土工膜经焊接组成整体的防渗构造。

永定河在湖泊中部深水区及再生水水质净化湿地底部采用300mm厚的上覆保护层（石笼格+砂石混料回填）+300mm厚原土回填压实+100mm厚细粒土上垫层+复合土工膜（200g/m^{2}无纺布+0.6mm厚土工膜+200g/m^{2}无纺布）+100mm厚细粒土下垫层+基底碾压平整的土工膜减渗；在湖泊浅水区、种植区等需要种植、扦插水生植物的区域及岸坡等地形变化起伏处及需设亲水平台、栈桥的港湾区采用300mm厚的上覆保护层（石笼格+砂石混料回填）+200mm厚细粒土上垫层+厚6mm的膨润土防水毯+基底碾压平整的膨润土防水毯减渗；在水深较浅的溪流主槽和岸坡均采用300mm厚的上覆保护层（石笼格+砂石混料回填）+200mm厚细粒土上垫层+200mm厚的掺混料复合土减渗层+100m厚细粒土下垫层+基底碾压平整的复合土生态减渗。采用减渗方案后，永定河综合渗透系数达到25mm/d（3×10^{-5}cm/s）。

（1）**设计原则**：结合河道实际，根据蓄水区范围、蓄水深度及水质和地形等要求确定合适的减防渗方案；减防渗方案确定后，综合经济技术比较，依据设计的防洪标准，选择合适的减渗层上覆保护层形式，以保护减渗层不受日照、外力等破坏，并能抵抗水流的冲刷。

（2）**措施设计**：见图4-63。

（3）**适用范围**：有减渗要求的所有河（沟）道。

（4）**典型实例**：永定河（图4-64）。

河道生态减渗结构断面图 1:20

说明：1. 保护层：粗土砂石混料。
2. 上垫层：细土砂石混料。
3. 减渗层：复合土或膨润土防水毯或黏土。
4. 下垫层：厚细土砂石混料。
5. 支持层：厚细土砂石混料。

图4-63 河床减防渗措施设计图

膨润土防水毯防渗铺设施工（永定河王平段）

图4-64 河床减防渗措施应用实例

4.5 横向拦、蓄水及截污设施

北京的排水、洪河道，多为季节性河流，雨季水位暴涨，枯水期水位暴落，污水横流。因此拦、蓄水及截污设施的修建，一方面可将雨季的洪水蓄积，进行美化治理，营造水景观，同时还可将污物截留，减少对下游河道的污染；另一方面拦、蓄水设施的修建可以使干涸的河床出现涓涓细流，滋养生灵，是让干涸河床变成细水长流的有效方式之一。

北京市常见的河道横向拦、蓄水设施主要有橡胶坝、溢流堰、跌坎等；常见的截污设施有水生植物、拦污带等。橡胶坝多用于城镇排水河道，如坝河、南沙河等；溢流堰、跌坎多见于山区、郊野河道。

4.5.1 橡胶坝

橡胶坝，又称橡胶水闸，是用高强度合成纤维织物做受力骨架，内外涂敷橡胶作保护层，加工成胶布，再将其锚固于底板上成封闭状的坝袋，通过充排管路用水（气）将其充胀形成的袋式挡水坝。坝顶可以溢流，且可根据需要调节坝高，控制上游水位，以发挥灌溉、发电、航运、防洪、挡潮等效益。

橡胶坝是北京市常见的拦、蓄水设施，在清洋河、坝河、南沙河、潮河等城区河道上多建有此设施。工程实施后，坝袋上游水量充足，按规划实现了梯级蓄水，宜于营造水面景观和进行两岸滩地的景观绿化，使干涸的河道恢复生机和活力，但却降低了坝袋下游的水量，坝袋下游一般仅有几股细流，不利于下游植被生长和生态恢复。

（1）设计原则：坝址选择除要依据橡胶坝特点和运用要求，综合考虑地形、地质、水流、泥沙、防震要求、环境影响等因素，除经过技术经济比较后确定外，还应考虑施工导流、交通运输、供水供电、

妫水河　　　　　　　　　　　　　　　永定河

图4-65　橡胶坝应用实例

运行管理、坝袋检修等条件。宜选在断面相对顺直、水流流态平顺及岸坡稳定、填方相对较小的河段；根据《水利水电工程等级划分及洪水标准》SL 252—2000，确定橡胶坝建设等级；依据河道回水长度及回水深度的要求，在满足防洪要求的基础上，合理确定坝顶高程。

（2）**适用范围**：多用于城镇河道，采用彩色坝袋，造型优美，线条流畅，可为城镇建设增添一道美丽的风景线，也可用于郊野需营造水面景观的河道；不宜选在水流冲刷较大和淤积变化大，断面变化频繁的河段。

（3）**典型实例**：妫水河、永定河（图4-65）。

4.5.2　跌坎

跌坎是为减缓水流和消能，以及增加流域河况的多样性营造景观，而在河道中适宜地段，以大块石等构筑的拦水设施。跌坎能减缓水流流速和消能，提高河段的防洪能力，缓和水流对河床的冲刷，还能局部改变冲流方向，使水流产生跃动的波浪和跌水，增加曝气效果，提高水中溶氧量，从而增强河溪的自净能力。

通过调查北京市郊野大中型河道多将河道内的自然砂石、卵石堆起形成跌坎；小型水系多采用植被袋，生态砖等材料码放形成跌坎。

（1）**设计原则**：跌坎是构筑于河道中的横向构造物，应尽量采用大型天然石块；设计跌坎应避免全断面阻绝，影响过水断面，应多留高度适中的流水路，以利于水生动物上下域的迁移；跌坎应嵌入护岸底部，以抗击水流冲击；河床坡度较陡处可作连续设置，形成阶梯式落差，使上游流速降低，增加泥沙沉降，使其具有拦砂及稳定河床的功能；所用石块不能选用统一规格，一般不使用浆砌，因此埋踩石块应力求稳固；跌坎的高低、宽窄应视河流流速和水深情况而定。

（2）**措施设计**：见图4-66。

（3）适用范围：多用于山区水流平缓、水位低的河道，为安全稳固起见，可在关键的局部段使用浆砌，并将重点石块粘接，再将其他石块堆垛；也可用于城镇河道营造景观和郊野河幅较窄河道截流；不适用于水流湍急处或河床坡度较陡处。

（4）典型实例：怀沙河、凉水河（图4-67）。

图4-66 跌坎措施设计图

怀沙河

凉水河（北京西站暗涵出口）

图4-67 跌坎应用实例

4.5.3 溢流堰

溢流堰是河道中常用的拦水、泄水建筑物，具有拦沙、消能、调蓄水位等作用。城镇河道中的溢流堰主要作用是保持河道具有一定的水位，以满足城镇河道生态建设用水和景观用水。

（1）设计原则：明确河道的防洪标准，上游来洪流量、洪水频率与堰下游河道洪水组合频率，据此确定堰的设计过流量；明确河道灌溉所需最低水位，以确定堰下游的河道水位及水深，确定堰的出流情况，并按此时堰顶过流确定消能防冲措施的长度、深度。

（2）措施设计：见图4-68。

（3）适用范围：多用于山区平缓地带河道或河幅较窄平原河道郊野段拦蓄雨季洪水、供生产用水或营造水面景观；不适用于河床较宽阔的河道。

（4）典型实例：清水河（图4-69）。

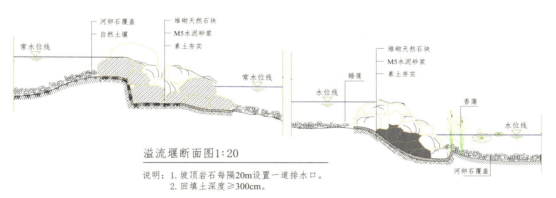

图4-68 溢流堰设计图

清水河（高铺段）

图4-69 溢流堰应用实例

4.5.4 截污设施

通过在无通航要求的排水、风景观赏河道内栽植芦苇、荷花、睡莲、荇菜等水生植物，吸附水中的有害物质、净化水体、阻逆漂浮物等或通过修建截污设施等拦截污物，改善水质。

（1）**设计原则**：依据河道所处区域、水质、污染物来源等选择植物或工程截污措施；应用植物净化水体时要根据水深、水质、水流大小等选择合适的植物种类；应用工程措施拦污时，注意拦污设施不能影响河道主体功能的发挥。

（2）**适用范围**：适用于城镇排水、风景观赏、郊野村落集中段河道。

（3）**典型实例**：清河、通惠河（图4-70）。

清河（世纪星幼儿园）

通惠河

图4-70 截污设施应用实例

4.6 库（河）滨带水土保持措施

库（河）滨带是水库多年作用下的一种典型的水陆生态交错区，是地面水体汇入水库前的一个生物过渡带，具有阻滞泥沙，净化水体、缓冲流速，减少冲蚀的功能，是水域生态系统与陆地生态系统进行物质、能量、信息交换的重要交错带，对于水库水体及周围水文、地貌、生态有着重要影响，具有重要的生态、经济和社会价值。完整的库滨带可分为陆相保护带、水位变幅带、水相辐射带三部分。

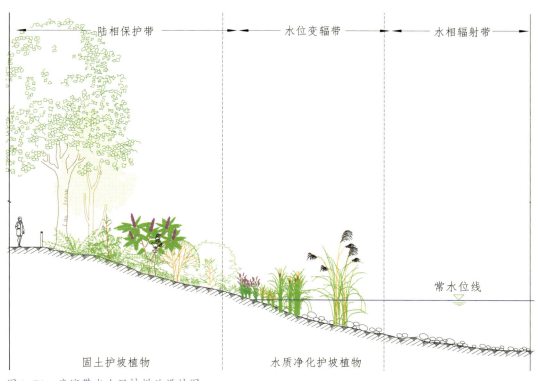

图 4-71　库滨带水土保持措施设计图

为防止库区水土流失，提高水质，改善水库生态环境是当前库区水土保持工作面临的一个重要问题。北京市水库陆相保护带多以营造乔、灌、草防风林带的形式保持水土、涵养水源；水位变幅带多以营造湿地的方式改善水质、保护水源；水相辐射带多运用生态保护的形式保护水质。

4.6.1 陆相保护带水土保持措施

陆相库滨带位于最高水位线之上，是库区底泥和污染物的一个重要来源。坡面土壤侵蚀和冲蚀产生的松散泥土极易入库，同时周边村落污水、农田的化肥和农药等会随着雨水进入库中，因此陆相保护带的水土保持主要从这两个方面着手。

（1）**设计原则**：坚持"预防为主、保护优先"的原则。把保护地表水源生态安全置于优先位置，严格按照国家、北京市相关法律法规的要求，加强水源区管理和生态保护；以水土保持措施为主，减少进入水库水体的营养物质；依据"因地制宜、适地适树、乡土植物"优先的原则，根据陆相库滨带的立地条件、立地类型、承担社会功能的不同，选用适宜的植物品种。

（2）**措施设计**

①完善土地流转生态补偿和生态管护机制。库区周边退耕还林不仅减少了化肥施用量、降低了对水库水源地的污染，而且形成了绿色屏障，有效控制了周围村民向库内乱倒垃圾和库区垦荒等问题。在确保水库水质安全的前提下，为最大限度地保护农民利益，将库滨带区域的开荒地和承包地进行流转，与库区农户签订补偿合同，同时采用购买服务的方式，雇用当地农民担任生态管护员，既维护了村民利益，又保证了生态建设效益的长期发挥。

②营造防风林带，涵养水源。根据水库的库面大小及土壤侵蚀程度，在较高高程库区以内种植乔木防护林带，距离库岸较近的地方选择旱柳、垂柳等耐水蚀的树种，距离水面远的地方则选用新疆杨等耐旱的树种。库岸防风林地除发挥防风、涵养水源、控制蒸发功能外，还应与周边的景色结合起来构成环库绿化带，起到美化景观的作用。

③截污治污，加快污水处理设施建设。加快建设污水管网和集中污水处理厂，实现清污分流、污水截流和集中处理。严格禁止工业污水不达标排放，同时进行污水深度处理，提高中水利用率，从而有效缓解水资源紧张的局面。

④采用生态设计理念重点治理砂石坑。根据砂石坑的具体位置及

官厅水库库滨带（妫水河入库区）

图4-72 库滨带水土保持措施应用实例

面积，在不破坏现有植被的基础上，随坡就势进行粗平，形成自然起伏的微地形，然后客土回填，促进后期植被恢复。按照"因地制宜、适地适树"的原则，因高就凸，因低就凹，有曲有深，有平有坦，充分利用现状地形条件，依次采用灌木带—乔木带—湿地—水域的布局方式，合理设计绿化复层种植结构，配置适宜的乔、灌、草种植比例，形成由低到高、由疏到密的植物，并吸引鸟类与水生动物来此栖息，丰富了生态系统的多样性，实现人与自然的"和谐相处"，提升库区景观功能。

（3）典型实例：官厅水库（图4-72）。

4.6.2 水位变幅带水土保持措施

水位变幅带主要采用柔性生态护坡的形式，即以植物措施为主，同时辅助少量的工程措施。

（1）设计原则：水位变幅带是一个变动的范围，营养物水平相对较高，在富营养化防治中应采用生态恢复与生物吸收转移的系统逆行演替方法，根据各区不同特点可发展饲草业等；"按照生态优先、兼顾景观"的要求营造湿地景观；适当加大乔草、灌草、挺水植物、沉水植物带宽度，建立有效的生态净化系统，强化环境净化功能，同时增加生物多样性,增强植物群落的整体抗逆性和抵抗病虫害的能力。

(2)措施设计:

①灌草植被缓冲带:对项目区的漫滩地进行灌草植被恢复,修复漫滩地的灌草生态系统,起到过滤和阻滞泥沙的作用。

②营造湿地景观:以现有水面为中心,在其周边撒播苇状羊茅和碱茅等草种,并在集水区岸边成片种植芦苇、香蒲、千屈菜等水生植物;外围较高处种植旱柳、新疆杨、桧柏、山榆、黄栌、红瑞木等乔灌木,形成良好的植物景观,还可清河道水质,充分发挥湿地生物污水处理功能(图4-73)。

(3)典型实例:官厅水库湿地(图4-74)。

4.6.3 水相辐射带水土保持措施

水相辐射带有着重要的生态功能,有较高的净化能力,应以保护现有植物为主。

图4-73 水位变幅带水土保持措施设计图

图4-74 水位变幅带水土保持措施应用实例

官厅水库湿地

4.7 小流域沟（河）道水土保持措施

保护水土资源、建设良好的生态环境是北京市水土保持工作的目标，小流域是山区汇水的源头，只有把小流域治理好，从源头保证水质，大流域的水质、水量和生态环境才有基本保障。近年来随着矿山的关停，政府逐渐加大区域生态治理力度，全面开展生态清洁小流域建设，小流域内生态环境逐步好转。

小流域沟道是水环境敏感区，地表水容易受到污染，通过封沟（河）育草，禁止沟（河）道采沙，加强沟（河）道管理和维护，防止污水和垃圾进入及适当的植物及工程措施，对沟（河）道实施生态保护，净化沟（河）道周边环境，在保护沟（河）道泄洪功能的同时，有效发挥植物对水环境的净化作用，改善沟（河）道沿线水环境。

通过调查，北京市主要通过小流域沟（河）道河岸带治理、沟（河）道清理整治和护岸等措施的实施在治理沟道的同时达到保持水土、美化环境的效果。

4.7.1 沟（河）道两侧治理

通过对沟（河）道两侧进行土地整理，清除杂草和碎石，结合现状树木，以乔、灌、草结合配置的方式，因地制宜地营造错落有致、层次丰富的植物缓冲带，恢复沟（河）道两侧自然景观，与沟（河）道周边的休闲场地共同美化村庄和沟道环境。

（1）设计原则：依据项目区立地条件，选择生物学、生态学特性与之相适应的植物品种；充分利用优良的乡土植物，积极推广引进的成效优良的植物品种；选择一些彩叶植物，形成多色彩的搭配，增强景观效果；植物配置采用乔、灌、草相结合，落叶树与常绿树相结合的方式，增强水土保持和景观效果；选择抗性强的植物品种，因地制

治理后沟（河）道两侧景观

图 4-75　沟（河）道两侧治理应用实例

宜，确定乔、灌、草比例。

（2）适用范围：小流域沟（河）道两侧。

（3）典型实例：潭柘寺平原小流域（图 4-75）。

4.7.2　沟（河）道清理整治

沟（河）道是流域排洪泄水的重要通道。沟（河）道的综合治理是提高沟道防洪能力的需要，而沟（河）道基底的清理和整治则是实施综合治理的基础。沟（河）道内部泥沙、矿渣淤积，不但影响沟（河）道的蓄水、输水能力，而且影响沟（河）道沿线生态景观，因此必须对沟（河）道采取清理整治措施，以提高其排洪泄水能力及景观效果。

结合沟道两侧治理以及沟（河）道边坡防护等措施的实施，将沟（河）道内堆积的垃圾等清除，整治沟（河）道内淤积的泥沙，每隔一定距离利用清理出来的土、石等堆积成凸起状，形成截流坝体，在上面堆砌天然石，起到积蓄雨水和美化环境的效果，同时还可在沟（河）道蓄水段下游沟道内种植适量水生、湿生植物，营造生物通道，一方面可提高水体的自净能力，另一方面可优化沟（河）道景观，同时在沟（河）道两侧以花灌木进行点缀，增强流域的观赏价值。

（1）设计原则：选择根系发达，抗水流的植物品种；选择生长快速、茎叶强健、分蘖高、覆盖能力强、对污染物的过滤效果好，可以在短时间内达到绿化效果的品种；选择耐水浸泡、耐寒、耐贫瘠、少病虫害、适应性强、粗放管理的品种；配置植物时，可以在居民建筑附近的沟道中集中布置，通过一段天然过滤层使整条沟道的水质保持在规定范围内。

（2）措施设计：见图4-76。

（3）适用范围：小流域沟道内。

（4）典型实例：西峰寺、刘家峪、樱桃沟小流域、堡李沟小流域（图4-77）。

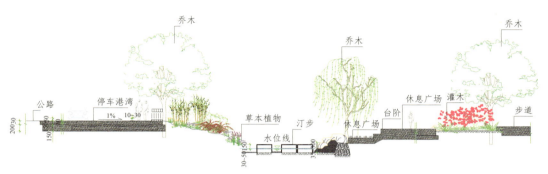

图4-76 山区小流域河道水土保持措施设计图

西峰寺

小流域沟道整治（刘家峪）

自然山石堆砌的跌坎（樱桃沟小流域）

堡李沟

图4-77 山区小流域河道水土保持措施应用实例

4.7.3 沟（河）道边坡防护

为保障沟道安全，防止地表径流和沟（河）道流水冲刷沟（河）道边坡，根据沟（河）道特征，本着"顺应自然，防洪为本，生态与景观并重"的原则，对沟（河）道内裸露或防护措施不到位的边坡采取有效的防护措施，一方面减少水土流失，另一方面通过采取自然石护岸、生态植被袋护岸、活体柳木桩、松木桩护岸等多种形式的护坡措施配合边坡植物的种植，改善沟（河）道内的景观。

（1）**设计原则**：根据边坡坡度、土质条件、防护强度要求等，选择适宜的坡面或坡脚防护措施；尽量就地取材，利用河道内原有石块；依据项目区气候及土壤条件，选择抗性强、根系发达、生长迅速、适应粗放管理的乡土植物栽植；对有景观要求的坡面，应注意对杂草量进行人工控制，如仅是水土保持要求，则无须清除杂草。

（2）**适用范围**：小流域沟道边坡。

（3）**典型实例**：延庆井家庄小流域（图7-78）。

延庆井家庄小流域

图4-78 河道边坡防护应用实例

4.8 建设期间水土保持措施

项目建设过程中是产生水土流失的主要阶段，因此在合理进行项目布局、优化施工组织和施工工艺、加强土石方平衡利用的同时，遵循"先拦后弃"的原则，做好项目施工过程中的防护措施，减小施工扰动区域，降低施工活动造成的水土流失，是河道建设项目水土保持工作的重中之重。

4.8.1 土石方平衡及合理利用

河道整治工程常常会在人居活动较密集区域，所以做好治理工程中土石方的调用和平衡是减少项目建设中水土流失量的重要环节。一方面，可通过调整河道巡河路纵断面高程来控制河道疏挖量；另一方面，可通过减少大面积的疏挖、利用疏挖土石方营造自然沟道等，减少河道整治中土石方量的产生；另外，河道疏挖的多余土方可与周边同期建设项目间调配，减少土方的外运。

4.8.2 施工阶段水土流失防治

项目施工期是产生水土流失的重要阶段，除合理布置施工设施外，需加强各临时防护措施的设置。对于季节型河道，应避开雨季或汛期进行河道内作业；提前设置施工导流围堰，施工结束及时拆除围堰；临时堆土堆料场地首先要控制堆土堆料的堆放高度和角度，避免堆放过高、坡度过大而造成的水土流失，同时采用纤维网对堆土、堆料表面进行遮盖，对堆放时间超过3个月的堆土堆料要采取临时绿化措施；另外，对于近城镇进行的河道建设项目，在施工作业面沿线加强拦挡和洒水措施，减少对附近居民的影响（图4-79）。

施工区域拦挡、开挖地表覆盖（踩河）

图4-79 施工阶段水土流失防治措施

4.8.3　施工临时占地恢复

施工生产生活区、施工道路等临时占地区域在施工过程中扰动原有地貌，施工结束后伴随着房屋、临建设施的拆除应及时做好恢复工作，并根据当地的立地条件进行植树、植草绿化。在绿化过程中，尽可能地采用当地适生的乡土树草种，采用乔灌草相结合的绿化模式，并与周围的景观环境协调一致。

河道生态治理水土保持技术

5 北京市河道建设项目水土保持措施体系

河道建设项目的水土保持措施不是一个单项工程，而是要在保证河道排涝、行洪、供水、航运等基本功能发挥的同时，还必须重视水质的提高、景观的改善和水生态系统的完善，这样才能构建完整的河道建设项目水土保持措施体系。要形成完善的水土保持措施体系，首先明确整条河流、建设区域河段的自然特征和保护对象，采取防护措施需要解决的问题，实现目标，再确定采用那些技术手段。其次应明确河道周边人居情况和河道主要功能，了解人居活动对河道水土流失的影响方式、人们对河岸防护观赏性的需求、河道主要功能定位等，有针对性地确定各项工作目标，这是河道建设水土保持成功的决定性因素。

5.1 | 山区河道

山区河道坡陡流急，洪水暴涨暴落，历时短，水位变幅大，冲击力强，因此，在建设过程中要防止这类河道冲蚀、破坏农田、村庄、道路等；又因山区河道位于人口稀疏的河段，河流周边土地以天然林地为主，少部分农林利用，住宅农舍零星散布，人为活动较少，属低度开发地区，水质未受污染且河床形态多变化，植被常为乔木间杂灌木与草本植物，生物栖息环境佳且具郊野景观。因此，山区河道水土保持建设主要以保护原有植被、涵养水源、稳固土壤、保持水土和雨洪集蓄利用为主，在满足河道排洪功能的前提下，尽量不对原有天然河道进行大的变动，保持河道与环境相协调的自然状态。

5.1.1 基本属性

（1）**功能**：排洪、保持水土、涵养水源。

（2）**断面**：一般为自然曲线断面。河宽沿纵向呈不规则变化，而水深、河床坡度、河床质分布亦随纵横向变化而变化，此种变化产生自然河道的不均匀性、速度及河床质分布形态的多样性，对水域生态系统具有重要意义。

（3）**坡度**：陡峭。

（4）**坡长**：坡长小于5m，较短。

（5）**坡面土壤**：石质山地，土壤瘠薄，抗冲刷能力差。

（6）**植被及生物**：因位于河流上游，具有茂密的植被，滨流植被多为乔木与杂木林，河流能量除日照外，还有许多枯枝落叶；又因河流上游段多为陡峭的山区环境，水温较低且水流湍急，生活于上游河段之鱼类多属适合冷水性与急流性者；上游段水质清澈，水生昆虫多属水质未受污染的种类，并以碎食者、滤食者等居多，多种生物具吸盘、勾爪等以适应流速较强的河流环境；而水生植物则以附着性藻类为主。

（7）**流速**：流速较大，一般大于2m/s，在某些急流河段，流速高达7~8m/s，但在缓流河段上，也有小于1m/s的流速。

（8）**河床基质**：河床大块石密布，河段一般位于谷地，河幅狭窄，河滩地几乎不存在。

5.1.2 水土流失特征及防治要点

（1）**水土流失特征**：山区河道因人为活动影响较小，所以其水土流失主要因其特殊的地理条件造成。山区地形起伏较大，地质结构复杂，气候差异悬殊，暴雨集中且强度大，河道坡降大，流域面积小，流程短，汇流时间短，汛期洪水位高，水流速度快，挟沙能力和冲刷能力强，推移质和悬移质多；枯期流量较小，有的基本断流；河岸或河堤承受高水位压力的时间不长，一遇洪水，轻则河岸坍塌、滑坡，淤塞河槽，再遇洪水，灾害损失迅速扩大，重则损毁耕地、摧毁乡镇村庄等。

（2）**防治要点**：依据山区河道水土流失特点及基本属性，要做好其水土保持工作，就必须因地制宜，综合考察上下游、左右岸，甚至整个流域的相互关系，统筹规划，综合治理。其防治要点主要有：

①通过视听工具、图片、宣传材料来普及防治山洪灾害和水土流失的知识，提高全民山洪灾害和水土流失防治意识。

②在流域内采取退耕还林，封山育林，拦截地面径流等水土保持措施减少水土流失、涵养水源，减少泥沙进入河道。

③进行河道整治，采取"上堵下排"的方式，修建堤防、护岸工程。"上堵"就是在河道上游修建一定的拦挡坝、沉沙库，拦截泥沙；

"下排"就是疏导河道，清除阻水障碍，使河道畅通。

④在关键河段修建堤防护岸工程，约束水流，保护岸坡。

⑤注重河道生态平衡问题，充分遵循自然规律，尽量保护天然河道的作用，慎重进行河道截弯取直和扩宽河道堵口作业。

⑥堤防修建过程中要注重堤防基础的处理和施工质量问题，并要加强施工过程中的拦挡、覆盖、排水、沉沙临时防护措施的应用，在施工结束后，要及时清除残留在河槽内的废弃物，恢复施工临时占地原貌，搞好河道堤防工程绿化工作，保护生态环境。

5.1.3　水土保持措施体系

(1) 设计原则

①山区河道流经区域周边村庄、农田较少，受人为影响小，河道断面基本为天然蜿蜒形式，如果能够满足行洪、排涝要求，水土保持设计时应维持原有的河流形态和面貌。

②山区河道因其所处地理位置的特殊性，其河内淤积多来源于上游及周边汇水山体，因此其水土保持设计不能只注重河道本身，还应对周边汇水山体进行水土保持设计，对植被覆盖良好的山体，在治理中应加以保护。

③河道水土保持防护措施选择应根据水文、地形、地质、生态、周围环境等条件来确定，并要保证防护措施的防护强度和稳定性；防护材料应以当地石材、木材、乡土植物等为主。

④洪、枯季节流量变幅较大、河滩开阔的山区河道，宜采用复式断面，使枯水期水流归槽，洪水期水流漫滩。滩地过水断面面积和主河道过水断面面积应与流量变幅相适应。

⑤应注重雨洪的集蓄利用，防止出现断流河段。

⑥山区河道的河势是多年来在自然条件下形成的，虽然有些河段的平面走势不很平顺，但是与河流的水流泥沙条件相协调，并不一定要采取工程措施。

⑦加强建设期间临时拦挡、覆盖、排水、沉沙等措施的应用。

（2）措施体系

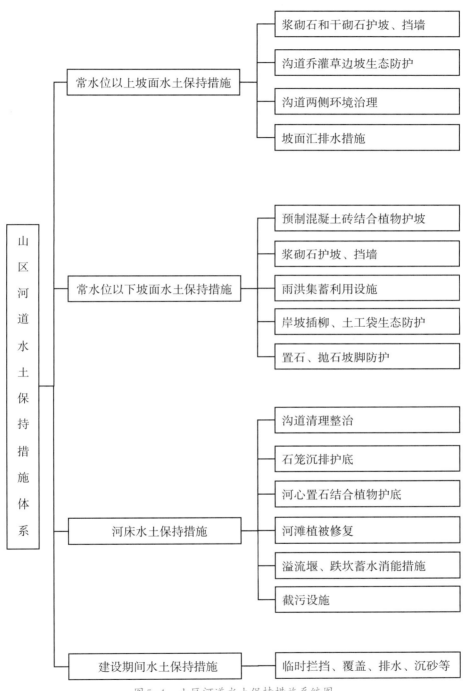

图5-1 山区河道水土保持措施系统图

5.2 平原河道郊野段

平原河道郊野段是指地处平原，流经村庄和田间的水流平缓的河段，一般位于人口较密集的地区，河流周边村镇零星分布，土地利用以农耕与住宅为主，属中度开发地区。因人为活动较为频繁，部分自然环境遭受人为构造物破坏，兼具城镇与农村风貌，水域环境因河防构造物之兴建及人为活动频繁而受干扰，因此其水土保持措施设计以维护河岸的稳定、河网的调蓄能力和水质净化为主，一般不宜进行大规模人工景观建设。流经村庄的乡村河段，可根据乡村的规模和经济条件，适当考虑景观和环境美化；流经田间的乡村河段，主要采取疏浚等整治措施达到行洪排涝、供水灌溉的要求。

5.2.1 基本属性

（1）**功能**：供水、排洪、景观观赏。

（2）**断面**：以人工规则矩形、梯形、复式为主，部分为近自然河流断面。

（3）**坡度**：平缓。

（4）**坡长**：坡长小于5m，较短。

（5）**坡面土壤**：土石混合质地，土壤瘠薄，抗冲刷能力差。

（6）**植被及生物**：因处于河流中游段，河幅渐宽，植被渐由灌木取代乔木，河流遮蔽率较低，又因地形变化较大，产生缓流区域供水生物栖息，水域中的生产者由附着性的藻类转变为固着性及浮游性藻类。生活于中游段的鱼类较丰富，以附生藻类为食的缓流性鱼类为主；因上游段漂流而下的落叶腐殖质开始堆积，而水生昆虫数量增多，以滤食者和植食者为优势；水生植物则以附生藻类与沉水植物为主。

（7）**流速**：流速缓慢，平均流速2~3m/s。水流流态平稳，仅在一些局部地段会出现回流、横流等流态，但强度通常不大。

（8）河床基质：因流速缓慢，常形成冲积层，河床均为泥沙覆盖，而低水流路常在主河道内蜿蜒曲折而行。

5.2.2 水土流失特点及防治要点

（1）水土流失特点

①人们生活水平不高，水土保持意识差，修路、垦殖、毁林毁草，破坏地面植被和稳定的地形，造成水土流失加剧，在降雨的作用下土石进入河道，淤塞河槽，抬高河床，影响行洪。

②平原河道郊野段地区植被稀少，土壤疏松，暴雨较多，地形破碎，遇强度较大的暴雨，易产生强烈的土壤侵蚀，常造成河道泥沙淤积、岸坡崩塌、滑落等。

③村民水土保持意识淡薄，将废土弃石、垃圾等随意向河沟倾倒，且由于污水收集和处理设施缺乏，常造成污水横流，进入河道，污染水体。

（2）防治要点

①加强水土流失综合防治，减少地表植被开挖破坏；加强取土、采石、挖沙的监管，禁止在崩塌、滑坡危险区和泥石流易发区采矿、挖沙、取土，对土、石、沙等建筑材料要划定固定的采挖区（场），对采挖区和弃料堆放区及时落实水土流失防治措施，同时加快河道周边水土保持综合治理步伐，改善河道生态环境。

②加强村落水系综合整治，包括整治排水系统和整治河岸生态环境。

③加强基础设施建设监督管理。居民生活区改造、新区开挖，这些都破坏了大量的植被，动土石方量较大，容易造成新的水土流失，引发一系列生态和环境危害，需要加强监督管理

④加强雨洪的集蓄利用和污水处理排放。

⑤加强郊野绿地建设和环境保护。

⑥加强《中华人民共和国防洪法》《中华人民共和国水土保持法》的宣传工作，加大水土保持执法力度。

⑦加强建设过程中水土流失的防治。

5.2.3 水土保持措施体系

（1）设计原则

①不宜进行大规模人工景观建设。流经村庄的乡村河段，可根

据乡村的规模和经济条件，适当考虑景观和环境美化；流经田间的乡村河段，应首先满足行洪排涝、供水灌溉等功能要求，注重水质保护。

②郊野河段堤防建设，应注重保护原有的沿岸林木和植物。在常水位以上宜采用当地生长、根系发达、固土能力强、耐旱、耐淹、耐瘠薄的植物护坡。

③常水位与两岸地面高差较大河道，河道宜采用梯形断面，结合绿化、休闲、亲水和景观的要求，使河道两岸景观与河道防洪工程融为一体。

④尽量维持原有天然状态下的岸滩、河心洲、岸线等河流地貌自然形态，维持河道形态和周边环境景观，维持河道两岸的行洪滩地，保留原有的湿地生态环境，防止河道建设对水生态环境的破坏。尤其是古树名木、成片林地、特色植物等应和林业部门协调，采取有效的保护措施。对于已遭受破坏的，但有一定历史人文价值的河道自然景观，应结合河道建设，逐步加以恢复。河堤背水坡或临水坡前较高较宽滩地以及面积较大的河心洲宜种植防护林。

⑤枯水季节流量小的河道，为了避免河床在枯水季节干涸，可通过设置固定坝或活动坝，拦蓄枯季水流，形成一定水面，可以满足生产生活、景观休闲、生态环境等建设的需要，在规划设计过程中应兼顾河道行洪的要求，防止造成汛期河道阻水，影响行洪安全。

⑥应严格控制污染物排放总量，采取截污、减污、雨污分流、水体置换、河道清淤、水面保洁等。通过综合整治，逐步改善河网水质和感观面貌，提高河网水质等级标准，最终实现河道水功能区目标。

⑦堤防修建过程中，要注重堤防基础的处理和施工质量问题，并要加强施工过程中的拦挡、覆盖、排水、沉沙临时防护措施的应用，在施工结束后，要及时清除残留在河槽内的废弃物，恢复施工临时占地原貌，搞好河道堤防工程绿化工作，保护生态环境。

（2）措施体系：见图5-2。

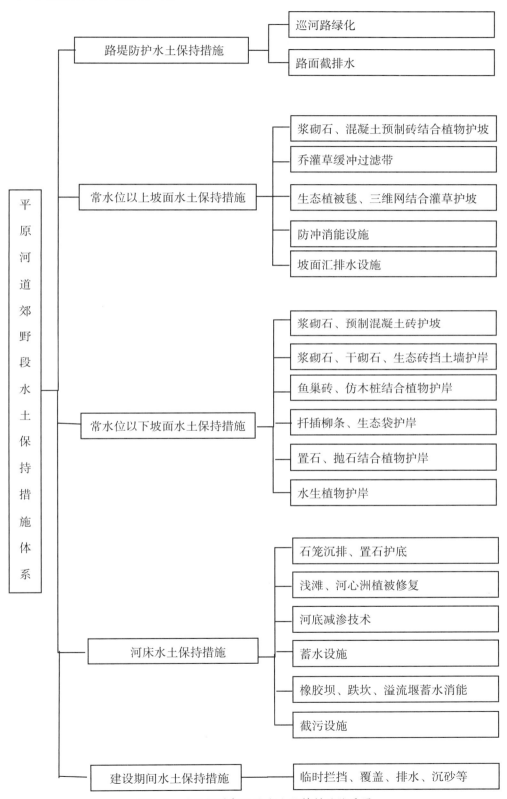

图5-2　平原河道郊野段水土保持措施体系图

5.3 平原河道城镇段

平原河道城镇段是指流经城市和城镇规划区范围内的河段，河道密度大，往往呈网状水系，周边土地高密度开发，建筑物与人口密集，污染源多，污染负荷大，自然环境已不复存在，因人为活动频繁，已偏重于人文特质环境，水域环境、河岸防护物兴建等常因人为活动频繁而受干扰，且通常有景观休闲的要求。因此，平原河道城镇段水土保持措施以维护河道边坡稳固、生态、安全和水质改善为主，同时还要满足人们景观欣赏的需要。

5.3.1 基本属性

（1）**功能**：排水、供水及风景观赏；

（2）**断面**：以人工规则矩形、梯形、复式和双层断面为主；

（3）**坡度**：纵坡较小，流速平缓，一些河道存在双向流现象；

（4）**坡长**：坡长大于5m，较长；

（5）**坡面土壤**：多为细沙、粉砂或黏质砂土，土质疏松，无黏性，抗冲能力差。

（6）**植被**：以人工植被为主，少数野生植被为辅助。

（7）**流速**：水流平均流速不大，一般在2~3m/s以下。水流流态平稳，仅在一些局部地段会出现回流、横流等流态，但强度通常不大。

（8）**河床基质**：河底多为硬性护砌。

（9）**建设项目类型**：河道生态治理、淤泥清理、跨河桥、巡河路、闸改建等项目施工。

5.3.2 水土流失特点及防治要点

（1）水土流失特点

平原河道城镇段因位于平原，所以其水土流失主要由城市建设过程地表开挖、植被破坏以及人为活动影响等造成，主要体现在：

①城市建设过程中建筑物不断增加，导致硬化地面增多，致使入渗量减少、地表径流增加、地下水补给减小等，加重了水资源紧缺。

②城市建设过程中开挖地表、破坏植被、堆弃土石等，加剧了水土流失，加重了泥沙淤积，常造成地下管道、河道泥沙淤积。

③城市人口聚集，产业集中，耗水量日益增多，导致水资源供应日趋紧张。

④因为受人为活动、风浪和船行波影响，造成河岸"一坡一面"（边坡和堤顶面）的水土流失，流失的土壤在河床内淤积。

⑤城市建设、人为活动等会不可避免地导致水域污染。

（2）防治要点

①加强城镇水土流失综合防治。减少建设过程中开挖地表，破坏植被。

②加强城镇水系综合整治。水系对于一个城镇很重要，一个城市没有水就没有灵气，城镇河流整治首先整治排水系统，截污纳管，再进行河岸生态环境整治。

③加强基础设施建设监督管理。城镇生活区改造、新区开挖，这些都破坏了大量的植被，动土石方量较大，容易造成新的水土流失，造成一系列生态和环境危害，需要加强监督管理。

④加强城镇雨水利用和中水回用。

⑤加强城区绿地建设和环境保护。

⑥工程建设中采取人行地面透水砖铺装等措施，尽量避免造成水土流失，工程建设不得随意侵占河道。

⑦加大水土保持执法力度。

⑧加强建设过程中水土流失的防治。

5.3.3 水土保持措施体系

（1）设计原则：针对平原河道城镇段水土流失特点及其基本属性，其水土保持措施体系大的设计的基本原则应在保持水土流失的同时，注重景观功能的发挥，设计原则如下。

①水土保持措施设计应满足河道堤防安全原则。水土保持措施不

能影响河道堤防整体稳定和局部稳定、防渗和渗透稳定、防冲抗浪、河势和岸滩稳定的要求，还要避免高水位时的阻水作用和植物根系对堤防的破坏等。

②城市河道堤防断面以直立式、斜坡式、复合式为主，因此其水土保持措施设计应依据此断面形式对相应区域进行设计，而且要结合绿化、园林、市政建设，做到河道水土保持措施与周围自然环境相和谐。

③水土流失防治措施形式选择应依据堤防断面形式、水土保持要求、基础处理、地质地形、土地利用、交通要求、环境要求、工程造价和运行管理等因素确定。

④措施材料的选择可结合河道水质、水位、立地条件、土壤质地、水环境改善要求等，以"防治水土流失、改善景观，并为动植物的生长、繁育创造条件"为原则。

⑤植物应根据当地土壤、气候、水位变幅等因素，选用适合的植物品种，并考虑植物多样性和景观多样性，注意植被层次分明、色彩丰富等，并便于日常管理。

⑥水土保持措施应满足防治水土流失、景观休闲和亲水安全的需要。复式断面滩面的设计应分析行洪和土地利用等因素，在利用滩地行洪时，可以利用滩地设置城市绿化地、交通辅道和运动场地。

⑦加强临时拦挡、覆盖、排水、沉沙等措施的应用。

（2）措施体系：见图5-3。

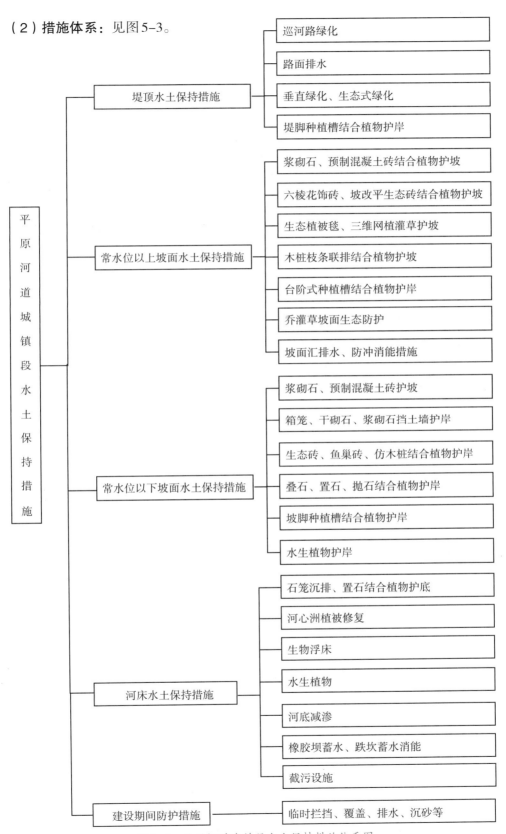

图5-3 平原河道城镇段水土保持措施体系图

河道生态治理水土保持技术

6 河道治理水土保持措施推荐典型模式

根据山区河道、平原河道郊野段、平原河道城镇段三类河道不同区位立地条件、不同部位的水土流失特征，进行水土保持措施体系典型设计，作为类似河道建设推荐水土保持技术模式。

6.1 | 山区河道

山区沟（河）道受水流长期冲蚀自然形成，满足山区排水泄洪要求，因位于人口稀疏地段，受人为活动影响较小，水质较好，其水土流失主要受地形、土壤、降水等影响，所以推荐典型的水土保持措施以稳固土壤、保持水土、涵养水源、雨洪集蓄利用为主。

（1）对沟（河）道植被覆盖良好的地段以植被保护为主。良好的沟（河）道植被不仅可以发挥稳固土壤、涵养水源、净化水质的功能，还可以为野生动物的生存、繁衍和迁移提供了良好的环境。

（2）对沟（河）道地表径流，推荐使用当地丰富的石材砌筑卵石导流沟和汇流沟，将支沟、村庄和道路所收集的可利用的水资源，导入沟（河）道内，进行蓄排。导流、汇流沟推荐用直径8~12cm的卵石或小石块铺设，首先将地基夯实之后，铺设级配砂石垫层，然后用防水水泥砂浆铺设卵石或小块石，形成浅碟形导流、汇流沟，高差较大处可以分级建设，同时为减缓流速，减轻水流对排水沟的冲刷，可在其内每隔一定间距用自然大石块或卵石堆砌跌坎，以缓解水流的冲刷力。设计示意图见图6-1，典型实例：白河、日本东京（图6-2）。

（3）对小流域沟道，可对其沟（河）道内乱石嶙峋、淤积，影响排洪通畅地段，进行清理，将两侧的漫滩台地进行整理，利用整理出来的山石修建自然式驳岸，创造丰富多变的河岸曲线，构建适合植物、昆虫、鸟类、鱼类等生存水环境；还可利用沟道内原有低洼地、大石块等进行消能、蓄水或利用清理出来的石块砌筑跌坎、溢流堰等或在沟底铺设膨润土防水毯，营造浅潭等，在集蓄雨洪的同时，还可

图6-1　山区河道水土保持措施推荐典型模式二设计示意图

白河（栾赤路段）　　　　　　　　　日本东京

图6-2　山区河道水土保持措施推荐典型模式二应用实例

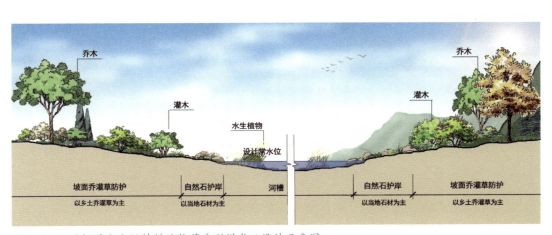

图6-3　山区河道水土保持措施推荐典型模式三设计示意图

以美化周边人居环境，提高水资源的综合利用效率。设计示意图见图6-3，典型实例：樱桃沟小流域（图6-4）。

（4）对于河床较宽阔的山区河道，推荐利用当地丰富的石材堆砌

图6-4　山区河道水土保持措施推荐典型模式三应用实例（樱桃沟小流域）

清水河（高铺段）　　　　　　　　　永定河（雁翅段）

大石河（琉璃河古桥段）　　　　　　妫水河（妫水河森林公园）

图6-5　山区河道水土保持措施推荐典型模式四应用实例

在水流两边，防止水流冲刷边岸，同时在水边宽阔地带栽植乡土乔、灌、草，构成植被缓冲过滤带，以稳固土壤、涵养水源，构建河道植物群落；还可在河床内栽植水生植物净化水体，改善水质。典型实例：清水河、永定河、大石河、妫水河（图6-5）。

6.2 平原河道郊野段

平原河道郊野段水土流失受地形、人为活动影响等较小，且因河幅宽阔、水流较缓，水流冲蚀物常在河心堆积形成河心洲；枯水季节河流易断流，造成河床裸露，因此其水土保持推荐模式以维护河心洲、拦蓄雨季水流、营造湿地景观为主。

（1）对于水流冲蚀、堆积形成的河心洲，两岸行洪滩地等，应尽量维持原有天然状态，保留原有湿地生态环境，防止河道建设项目对水生态环境的破坏；对于已遭受破坏的，应采用当地石材、乡土植物等逐步加以恢复。设计示意图见图6-6，典型实例：白河、白马关河（图6-7）。

（2）对于河幅宽阔、枯水季节流量小的河道，为了避免河床在枯水季节干涸，推荐通过设置固定坝或活动坝的形式，拦蓄雨季水流，形成一定水面，满足生产生活、景观休闲、生态环境建设的需要。应用实例：坝河、清河（图6-8）。

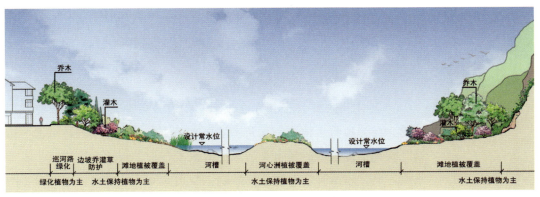

图6-6　平原河道郊野段水土保持措施推荐典型模式一设计示意图

白河（溪翁庄段）　　　　　　白马关河（冯家峪段）

图6-7　平原河道郊野段水土保持措施推荐典型模式一应用实例

坝河（东坝路段）　　　　　　清河（下清河闸段）

图6-8　平原河道郊野段水土保持措施推荐典型模式二应用实例

妫水公园　　　　　　　　　　中坝河

图6-9　平原河道郊野段水土保持措施推荐典型模式三应用实例

（3）对于枯水季节水量较充沛的河道，可在其缓坡面栽植乡土植物，与当地野生植物一起防护坡面水土流失；在河床内栽植水生植物，营造湿地景观；还可在河床内散置大石块，减缓水流流速，改变水流方向，以减轻水对河床的冲刷。应用实例：妫水河、中坝河（图6-9）。

6.3 平原河道城镇段

平原河道城镇段因位于建筑物与人口密集地段，受历史原因、周边土地利用情况、人为活动等影响较大，河道断面多为人工规则断面，且河流污染源多，污染负荷大，因此推荐其水土保持典型措施以堤顶、坡面水土流失防治、河内水质净化为主。同时，因城镇硬化地面较大，地表径流增加，河道作为其排水地，还要注重防冲消能措施的应用。

6.3.1 直立挡土墙美化

对于受周边土地利用情况、建筑物等影响不可能拆除重建的直立挡土墙护岸，只能对其进行改造。在改造过程中，堤顶区域较小时，

凉水河（北京西站暗涵出口）

北护城河

转河（与北护城河相交段）

图6-10 平原河道城镇段水土保持措施推荐典型模式一应用实例

可利用藤本植物垂直绿化或利用大叶黄杨、金叶女贞等绿篱；堤顶较广阔时，可结合周边环境利用乔、灌、草、花等进行生态园林式布置，在绿化美化硬质直立护砌的同时，还能实现水土流失防治；对于裸露的挡土墙，可采用在其底部砌筑种植槽，栽植绿化美化植物，与堤顶垂直绿化一起，实现挡土墙绿化覆盖。应用实例：凉水河、北护城河、转河（图6-10）。

6.3.2 坡面防护

（1）对于水流较小、水深较浅、坡面较平缓的平原河道城镇段、公园水系，河床可采用复合土生态减渗（掺混料生态减渗）、黏土减渗等减渗技术；在其常水位以下坡面可采用石材结合水生植物防护，与常水位以上坡面乔、灌、草生态防护形式一起构成完善的水土流失防护体系；因河道位于城镇段，常有景观要求，且因坡面较平缓，因此可在坡面乔、灌、草、花间散置景石或大卵石以增加景观性。设计示意图见图6-11，应用实例：成都金沙遗址公园水系、奥运水系、扬州瘦西湖、台北绿川（图6-12）。

（2）对于水位较深、冲刷较大的平原河道城镇段，常水位以下可采用浆砌石挡土墙、混凝土挡土墙等硬性护砌，常水位以上坡面可采用乔、灌、草、花相结合的生态绿化美化防护形式，或可利用卵石、片石、砖材等干砌、叠放形成错落有致的种植槽，在其间栽植乔、灌、草、花等并结合植物修剪造型，构建完善的防护体系，既能防治坡面水土流失，又能达到绿化美化环境的目的。设计示意图见图6-13，应用实例：漓江、清河、坝河（图6-14）。

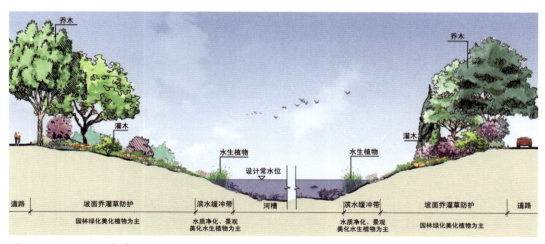

图6-11　平原河道城镇段坡面防护水土保持措施推荐典型模式一设计示意图

成都金沙遗址公园水系

扬州瘦西湖

台北绿川

图6-12 平原河道城镇段坡面防护水土保持措施推荐典型模式一应用实例

图6-13 平原河道城镇段坡面防护水土保持措施推荐典型模式二设计示意图

漓江（桂林医学院附属医院段）

清河（红山桥段）　　　　　　　　坝河（东直门段）

图6-14　平原河道城镇段坡面防护水土保持措施推荐典型模式二应用实例

（3）对于水位较浅、水流较平缓、冲刷较小、坡度较大的平原河道城镇段，常水位以下坡面可单独使用箱笼、生态砖、鱼巢砖、仿木桩、木桩、石材等透水材料或联合运用这些材料，构建直立、阶梯式挡土墙等，结合植物与常水位以上坡面防护形式构成健全的坡面防护模式，在防治水土流失的同时，满足水生生物繁衍、栖息，构建河道完善的生态系统。设计示意图见图6-15，应用实例：北护城河、凉水河、坝河、转河（图6-16）。

（4）对于常水位以上坡面，因受河流冲刷的机会少，其水土流失主要是坡面土壤在降水的作用下产生的流失，因此其水土流失防护措

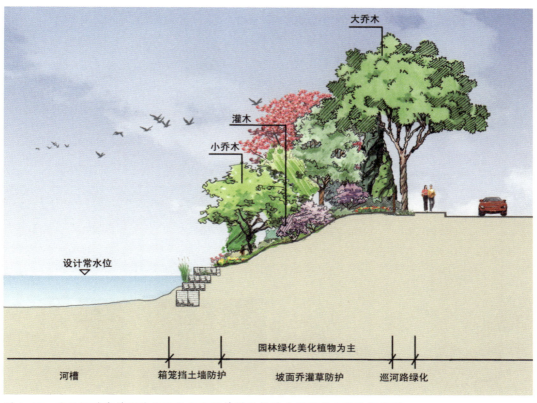

图6-15 平原河道城镇段坡面防护水土保持措施推荐典型模式三设计示意图

图6-16 平原河道城镇段坡面防护水土保持措施推荐典型模式三应用实例

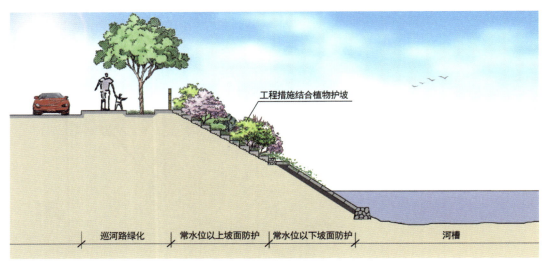

图6-17 平原河道城镇段坡面防护水土保持措施推荐典型模式四设计示意图

图6-18 平原河道城镇段坡面防护水土保持措施推荐典型模式四应用实例

施以坡面排水、固土为主。对于坡比缓于1∶1的土质、土石坡面可采用六棱花饰砖、坡改平生态砖等结合乔、灌、草、花防护；对于坡比缓于1∶1.5的土质坡面可采用三维网植灌草、生态植被毯、椰纤植生毯等进行防护；对于坡比缓于1∶1.5的土质、土石坡面也可直接运用植物措施进行防护，但设计中要注意固土植物与景观植物的搭配。设计示意图见图6-17，应用实例：凉水河、通惠河（图6-18）。

6.3.3 水质净化

（1）通过沿河铺设污水管线收集污水、改造排水管网等方式，实现雨水、污水分流，同时加大河道排污口的治理力度，尽量减少污水直接入河。

（2）利用膜处理、反渗透等工艺深度处理污水处理厂出水，结合入河前的深度处理设施和河道内水体修复技术，改善河道水质。

（3）通过在无通航要求的排水、风景观赏河道内栽植芦苇、荷花、睡莲、荇菜等水生植物，可以吸附水中的有害物质、净化水体、阻逆漂浮物等；利用人工载体辅以植物材料建设人工浮岛，栽植水生植物以净化水体、美化环境、营造景观；对于水流冲蚀形成的河心堆积层，可在其上栽植植物，周边可用石笼、仿木桩等防护，营造河心洲景观；还可利用拆除硬质护砌的材料和清理的淤泥构筑浅水湾、河心岛，实现土石方就地消纳利用。应用实例：温榆河公园、奥林匹克公园（图6-19）。

温榆河公园

奥林匹克公园

图6-19 平原河道城镇段水质净化推荐典型模式三应用实例

图6-20 平原河道城镇段水质净化推荐典型模式四应用实例（中门寺沟）

（4）通过向河中投放螃蟹、鱼苗、河蚌、螺蛳等水生动物，降解水体中的污染物，增强水体自净能力。应用实例：中门寺沟（图6-20）

6.3.4 消能措施

（1）通过市政管网排向河道的出水具有较大的能量，因此可利用山石砌筑消能、排水设施，在防止水流冲刷的同时，还具有较好的景观效果。

（2）对于巡河路地表径流，一般通过设计拦水带、急流槽等设施，将地表径流汇集后导入河道，虽能排除地表径流，但路面污物容易进入河道，因此推荐使用妫水河（妫水公园段）采用的排水方式，在地表径流汇集处铺设卵石以防止水流冲刷地面，在排水口上盖箅子，周边堆砌山石，既能排水、截污，又能营造景观。应用实例：台中绿川、凉水河、妫水河（图6-21）。

台中绿川

凉水河（大红门段）

妫水河（妫水公园）

图6-21 平原河道城镇段排水、消能水土保持措施推荐典型模式三应用实例

河道生态治理水土保持技术

7 结论

7.1 结论

通过收集国内外河道建设水土保持相关资料、考察和对北京市主要河道的水土保持工作翔实的调研分析，形成如下主要结论：

（1）通过分析河道主体功能、断面形式、坡度、坡长、植被、河床基质等基本属性与水土保持的关系，结合河道水土流失影响因素、水土流失特点、水土流失防治要求、建设目标等，创新性地从水土保持角度将河道划分为山区河道、平原河道郊野段、平原河道城镇段3种类型。

（2）通过查阅资料，实地调查北京市近年来河道整治中不同地形、区域、不同功能、不同断面、不同水文特征段河道所采取的水土保持措施，并对其特点、设计要点、适用范围以及运行防护效果等进行分析，提炼出了堤顶、常水位以上岸坡、常水位以下岸坡、河床、横向拦蓄水、河（库）滨带、小流域沟道、建设期水土保持8类50项水土保持措施，并对工程性措施进行了典型设计。

（3）通过分析和总结调查研究成果，将水土保持措施、河道基本属性、水土流失特点、防治要求等进行系统配置，构建了三类河道建设项目的水土保持措施体系；集成创新国外、国内先进的水土保持措施，推荐了7种河道水土保持措施布局典型配置模式，完美体现河道治理"横向、纵向、竖向"的循环的"三向循环"理念。

7.2 探讨

　　河道建设项目的水土保持工程是河道治理的根本，是集防洪、安全、生态、观赏于一体的综合工程，是水资源利用、保护的源头和基础。河道建设项目建设、运行期间都存在着较大的水土流失现象，因此，做好河道建设项目的水土流失防治工作，首先要依据其水土流失特点选定合适的防护措施，其次要兼顾防护措施的安全、生态和观赏性功能的综合应用。

　　本研究通过实地考察北京市多条河道、小流域近几年的治理成果，北京市大部分的河道、小流域生态治理取得了不小的成绩，其采取的水土保持措施能有效防止河道水土流失，同时又有一定的生态性和观赏性，值得在以后的项目中推广应用和其他省市借鉴。但也存在一些不足，主要表现在对所采用的技术还缺乏生物科学、生态学及可持续发展理论的理解和运用，所以还应多吸取国外河道生态建设的有益经验，结合北京市河流生态系统自身的特点，因地制宜地提出一些切实可行的技术方法，以保证安全行洪的基础上，有效地缓解硬质护岸给河流生态系统造成的危害，为构建生态和谐型城市河道，促进城市人口资源与环境的协调、有序、可持续发展，提供一定理论依据和技术支持。但是针对北京"23·7"极端暴雨，如何处理河道安全标准和生态景观关系，依旧是一个非常值得关注和深入研究的问题。

参考文献

[1] 水利部长江水利委员会水文局. 水利水电工程设计洪水计算规范：SL 44—2006 [S]. 北京：中国水利水电出版社，2006.

[2] 中华人民共和国住房和城乡建设部，等. 堤防工程设计规范：GB 50286—2013[S]. 北京：中国计划出版社，2013.

[3] 中华人民共和国住房和城乡建设部，等. 城市水系规划规范：GB 50513—2009[S]. 北京：中国计划出版社，2016.

[4] 中华人民共和国水利部. 城市水系规划导则：SL 431—2008[S]. 北京：中国水利水电出版社，2009.

[5] 北京市水利工程保护管理条例 [N]. 北京日报，2021-03-13(016).

[6] 关于划定郊区主要河道保护范围的规定 [J]. 北京市人民政府公报，2011 (7): 10-14.

[7] 薛健. 园林与景观设计资料集——护岸与亲水设计 [M]. 北京：知识产权出版社，2010: 1-305.

[8] [日] 日本河边整备中心. 生态型河流护岸工程指南[M]. 北京：北京市水利科学研究院，2006.

[9] 戴金水，张玉昌，王坤堂，等. 工程护坡与生物护坡 [M]. 沈阳：东北大学出版社，2008.

[10] 丁爱中，郑蕾，刘刚. 河流生态修复理论与方法 [M]. 北京：中国水利水电出版社，2011.

[11] 孟伟，张远，渠晓东，等. 河流生态调查技术方法 [M]. 北京：科学出版社，2004.

[12] 中国21世纪议程管理中心，北京大学环境工程研究所. 城市河流生态修复手册 [M]. 北京：社会科学文献出版社，2008.

[13] 李其军，廖日红，孟庆义，等. 温榆河流域河流生态修复技术研究 [M]. 北京：中国水利水电出版社，2011.

[14] 北京市水务局. 建设项目水土保持边坡防护常用技术与实践 [M]. 北京：中国水利水电出版社，2009.

[15] [日]河川治理中心.护岸设计[M].北京:中国建筑工业出版社,2004.

[16] 蒋屏,董福平.河道生态治理工程——人与自然和谐相处的实践[M].北京:中国水利水电出版社,2003.

[17] [日]河川治理中心.滨水自然景观设计理念与实践[M].北京:中国建筑工业出版社,2004.

[18] 李永贵,刘大根,刘振国,等.密云水库周边水土保持与水源保护探讨[J].中国水土保持科学,2006 (2): 13-17.

[19] 靳新红.北京滨河森林公园建设中的水土保持[J].中国水土保持科学,2010,8(4):101-104.

[20] 林文莲.城市水土流失及其防治[J].福建水土保持,2001,14(3): 19-23.

[21] 何蘅,陈德春,魏文白.生态护坡及其在城市河道整治中的应用[J].水资源保护,2005 (6): 60-62.

[22] 孙铁军,武菊英,肖春利,等.密云水库库滨带植被水土保持作用的研究[J].自然资源学报,2009, 24(7): 1146-1154.

[23] 陈小华,李小平,张利权.河道生态护坡技术的水土保持效益研究[J].水土保持学报,2007 (2): 32-35.

[24] 贺鸿文.北京市延庆县白河流域水土保持生态建设的思考[J].北京水务,2006 (6): 43-45.

[25] 闻太平.对加强河道水土保持问题的探讨[J].科技向导,2011, 12: 162.

[26] 崔丽娟,赵欣胜,李胜男,等.北京市湿地公园发展规划研究[J].中国农学通报,2011, 27(17): 282-289.

[27] 毛久成,陈洪儒,毛新宇.潮河生态修复治理措施及效果分析[J].南水北调与水利科技,2009, 7(5): 134-136.

[28] 丁淼.坝河生态护岸的景观建设[J].北京水务,2009 (S1): 52-54.

[29] 邓卓智,冯雁.北护城河的生态修复[J].水利规划与设计,2007(6): 14-16, 27.

[30] 何赢.刺猬河治理(二期)景观生态修复设计[J].北京水务,2011 (3): 40-41.

[31] 沈来新,邓卓智.北京水系生态治理的理念与实践[J].中国水利,2010 (20): 86-88, 77.

[32] 孙艳红,石健,田玉柱.官厅水库库滨带建设初探[J].中国水土保持,2010 (1): 19-20.

[33] 唐颖.拒马河生态治理规划的思路与方法[J].中国水利,2010 (7): 57-59.

[34] 王绍斌,林晨.从凉水河干流综合整治工程看城市河道的生态设计[J].北京水利,2005 (1): 14-16, 22.

[35] 魏恒文.北京市中小河流治理模式探讨[J].中国水利,2010 (4): 34-36, 33.

[36] 逄红,祁有祥,赵廷宁,等.北京市人民渠生态护岸技术应用研究[J].中国水土保持,2007 (6): 37-39.

[37] 王颖, 高甲荣, 娄会品, 等. 土壤生物工程中植物材料的应用——以昌平试验区为例 [J]. 中国水土保持科学, 2011, 9(4): 55-59.

[38] 田硕. 城市河道护岸规划设计中的生态模式 [J]. 中国水利, 2006 (20): 13-16.

[39] 赵东华, 陈虹. 从欧洲内河航道生态化建设理念谈我国内河航道生态护岸设计思路 [C]// 中国海洋学会海洋工程分会. 第十四届中国海洋（岸）工程学术讨论会论文集（下册）. 上海: 中交上海航道勘察设计研究院有限公司, 2009:7.

[40] 王新军, 罗继润. 城市河道综合整治中生态护岸建设初探 [J]. 复旦学报（自然科学版）, 2006 (1): 120-126.

[41] 黄奕龙. 日本河流生态护岸技术及其对深圳的启示 [J]. 中国农村水利水电, 2009 (10): 106-108.

[42] 李宝元, 邓卓智. 渠化河道的水环境改造初探 [J]. 中国水利, 2009 (2): 43-46.

[43] 王力军, 廉贵臣, 张本秋. 土工织物石笼沉排在界河堤岸防护中的应用 [J]. 黑龙江水专学报, 2005 (1): 112.

[44] 杨玲, 周志华. 北京城市河湖水系巡河路设计探讨 [J]. 北京水务, 2009 (6): 9-10, 20.

[45] 李海东, 林杰, 张金池, 等. 生态护坡技术在河道边坡水土保持中的应用 [J]. 南京林业大学学报（自然科学版）, 2008 (1): 119-123.

[46] 钱德琳, 鲁晶玲. 北京市河道存在的问题及治理对策 [J]. 中国水利, 2005 (16): 50-51.

[47] 陈小华, 李小平, 张利权. 河道生态护坡技术的水土保持效益研究 [J]. 水土保持学报, 2007 (2): 32-35.

[48] 王雪, 田涛, 杨建英, 等. 城市河道生态治理综述 [J]. 中国水土保持科学, 2008 (5): 106-111.

[49] 张凤玲, 刘静玲, 杨志峰. 城市河湖生态系统健康评价——以北京市"六海"为例 [J]. 生态学报, 2005 (11): 227-235.

[50] 汪洋, 周明耀, 赵瑞龙, 等. 城镇河道生态护坡技术的研究现状与展望 [J]. 中国水土保持科学, 2005 (1): 88-92.

[51] 楼琳, 何凡, 王向东, 等. 河道生物护岸技术研究进展与思考 [J]. 中国水土保持科学, 2009, 7(3): 119-122.

[52] 张建春, 彭补拙. 河岸带及其生态重建研究 [J]. 地理研究, 2002 (3): 373-383.

[53] 杨进怀, 吴敬东, 祁生林, 等. 北京市生态清洁小流域建设技术措施研究 [J]. 中国水土保持科学, 2007 (4): 18-21.

[54] Palmer A M, Bernhardt S E, Allan D J, et al. Standards for Ecologically Successful River Restoration[J]. Journal of Applied Ecology, 2005, 42(2): 208-217.

[55] Joan G. Ehrenfeld, Louis A. Toth. Restoration Ecology and the Ecosystem Perspective[J]. Restoration Ecology, 1997, 5(4): 307-317.

[56] Andrew Light, Eric S. Higgs. The Politics of Ecological Restoration[J]. Restoration

&Management Notes, 1996, 2: 227-243.

[57] S. S S M M J .Re-establishing and assessing ecological integrity in riverine landscapes[J]. Freshwater Biology, 2002, 47(4): 867-887.

[58] Zhaoyin WANG, Shimin TIAN, Yujun YI, et al., Princples of River Training and Management[J]. International Journal of Sediment Research, 2007, 22(4): 247-262.

[59] James R.KARR. Defining and Measuring River Health[J]. Freshwater Biology, 1999, 41: 221-234.

[60] Acreman C M ,Dunbar J M .Defining environmental river flow requirements – a review[J].Hydrology and Earth System Sciences, 2004, 8(5): 861.

[61] 赵方莹.北京市南沙河中游水环境整治方案研究 [D]. 北京：北京林业大学, 2005.

[62] 李锦育.台湾溪流生态工法的研究综述 [J]. 中国水土保持科学, 2005 (3): 98-102.

[63] 刘骥良, 季世琛, 鲍永刚, 等. 城市污染河道水环境生态治理效应分析——以北京市丰台区葆李沟为例[J]. 环境保护科学, 2020, 46 (2): 98-102.

[64] 赵方莹, 鲍永刚, 刘骥良, 等. 小清河（丰台段）近自然河道生态修复实践探讨 [J]. 环境与发展, 2020, 32(6): 195-197, 199.

[65] 王晶, 于杰. 城市河道生态治理模式探讨——以小清河（丰台房山区界段）为例 [J]. 水利科学与寒区工程, 2020, 3(3): 100-102.

[66] 张勇, 闫飞, 董雪, 等. 汉石桥湿地春季浮游植物群落结构及水质评价 [J]. 湿地科学与管理, 2019, 15(4): 48-52.

[67] 赵方莹, 李璐, 刘骥良, 等. 城市污染河道生态治理模式探讨——以北京市丰台区葆李沟为例 [J]. 北京水务, 2019 (3): 3-8.